ARCHIV FÜR WISSENSCHAFTLICHE UND PRAKTISCHE TIERHEILKUNDE

ORGAN DER
GESELLSCHAFT DEUTSCHER NATURFORSCHER UND ÄRZTE

HERAUSGEGEBEN
VON

E. ABDERHALDEN-HALLE A. S., ST. ANGELOFF-SOFIA, K. BIERBAUM-BERLIN, M. CASPER-BRESLAU, G. K. CONSTANTINESCU-BUKAREST, I. DOBBERSTEIN-BERLIN, A. EBER-LEIPZIG, W. ERNST-SCHLEISSHEIM, W. FREI-ZÜRICH, L. FREUND-PRAG, R. GÖTZE-HANNOVER, P. HENKELS-HANNOVER, K. HOBSTETTER-JENA, H. JAKOB-GIESSEN, R. MANNINGER-BUDAPEST, J. MAREK-BUDAPEST, P. MARTIN-GIESSEN, H. MIESSNER-HANNOVER, K. NEUMANN-KLEINPAUL-BERLIN, K. NIEBERLE-LEIPZIG, J. NÖRR-MÜNCHEN, A. OLT-GIESSEN, S. SCHERMER-GÖTTINGEN, O. SEIFRIED-MÜNCHEN, E. SILBERSIEPE-BERLIN, A. STOSS-MÜNCHEN, D. WIRTH-WIEN, E. WYSSMANN-BERN, W. ZWICK-GIESSEN

UNTER MITWIRKUNG VON H. MIESSNER UND K. HOBSTETTER

REDIGIERT
VON
K. NEUMANN-KLEINPAUL

Sonderabdruck aus Band 71. 3. Heft.

Joseph Witzigmann:
Experimentelle und klinische Untersuchungen über Schilddrüsenhormontherapie beim Hund
I.—III Mitteilung

Springer-Verlag Berlin Heidelberg GmbH 1937

ISBN 978-3-662-42761-3   ISBN 978-3-662-43038-5 (eBook)
DOI 10.1007/978-3-662-43038-5

Das „Archiv für wissenschaftliche und praktische Tierheilkunde"
erscheint zwanglos in einzeln berechneten Heften, von denen je sechs einen Band
bilden.

Es wird ausdrücklich darauf aufmerksam gemacht, daß mit der Annahme des
Manuskriptes und seiner Veröffentlichung durch den Verlag das ausschließliche
Verlagsrecht für alle Sprachen und Länder an den Verlag übergeht, und zwar
bis zum 31. Dezember desjenigen Kalenderjahres, das auf das Jahr des Erscheinens
folgt. Hieraus ergibt sich, daß grundsätzlich nur Arbeiten angenommen werden
können, die vorher weder im Inland noch im Ausland veröffentlicht worden sind,
und die auch nachträglich nicht anderweitig zu veröffentlichen der Autor sich
verpflichtet.

Bei Arbeiten aus Instituten, Kliniken usw. ist eine Erklärung des Direktors oder
eines Abteilungsleiters beizufügen, daß er mit der Publikation der Arbeit aus dem
Institut bzw. der Abteilung einverstanden ist und den Verfasser auf die Aufnahme-
bedingungen aufmerksam gemacht hat.

Der Autor erhält einen Unkostenersatz von RM. 20.— für den 16seitigen Druck-
bogen, jedoch im Höchstfalle RM. 30.— für eine Arbeit.

Die Mitarbeiter erhalten von ihrer Arbeit zusammen 30 Sonderdrucke unent-
geltlich. Weitere 170 Exemplare werden, falls bei Rücksendung der 1. Korrektur
bestellt, gegen eine angemessene Entschädigung geliefert. Darüber hinaus ge-
wünschte Exemplare müssen zum Bogennettopreise berechnet werden. **Mit der
Lieferung von Dissertationsexemplaren befaßt sich die Verlagsbuchhandlung grundsätzlich nicht;** sie stellt aber den Doktoranden den Satz zur Verfügung zwecks
Anfertigung der Dissertationsexemplare durch die Druckerei.

Manuskriptsendungen für das Archiv werden erbeten an:
Herrn Professor Dr. Neumann-Kleinpaul, Falkensee bei Berlin, Fliederstr. 2,
Herrn Professor Dr. Miessner, Hannover, Tierärztliche Hochschule,
Herrn Geh. Reg.-Rat Professor Dr. Hobstetter, Jena, Veterinäranstalt.

Im Interesse der gebotenen Sparsamkeit wollen die Herren Verfasser auf
knappste Fassung ihrer Arbeiten bedacht sein.

Verlagsbuchhandlung Julius Springer

Inhaltsverzeichnis.

Seite

Köbe, K. Vergleichende Untersuchungen über die pneumotropen Virusarten und die durch sie bedingten Krankheiten bei Mensch und Tier 149

Krzywanek, Fr. W., Joh. Brüggemann und **W. Buss.** Untersuchungen über den Kohlehydratstoffwechsel des kleinen Wiederkäuers. II. Mitteilung. Untersuchungen über das Verhalten des Blutzuckers und des Säure-Basen-
Gleichgewichts bei der Chloralosenarkose des kleinen Wiederkäuers . . 182

Witzigmann, Joseph. Experimentelle und klinische Untersuchungen über Schilddrüsenhormontherapie beim Hund. I. Mitteilung. Experimentelle Untersuchungen über die Herzwirkung des Elityran. (Mit 3 Textabbildungen) 199

Witzigmann, Joseph. Experimentelle und klinische Untersuchungen über Schilddrüsenhormontherapie beim Hund. II. Mitteilung. Die Behandlung der Fettsucht und der Dyspnoe mit Elityran. (Mit 2 Textabbildungen) 210

Witzigmann, Joseph. Experimentelle und klinische Untersuchungen über Schilddrüsenhormontherapie beim Hund. III. Mitteilung. Weitere Indikationsgebiete für die Behandlung mit Elityran 223

Nieberle, K. Zur pathologischen Anatomie und Pathogenese der Carnivoren-
tuberkulose (Tuberkulose des Löwen). (Mit 2 Textabbildungen) 239

(Aus der Medizinischen Tierklinik der Universität München.
Vorstand: Prof. Dr. J. *Nörr*.)

Experimentelle und klinische Untersuchungen über Schilddrüsenhormontherapie beim Hund *.

I. Mitteilung.

Experimentelle Untersuchungen über die Herzwirkung des Elityran.

Von

Dr. Joseph Witzigmann.

Mit 3 Textabbildungen.

(Eingegangen am 22. Dezember 1936.)

Wir stehen in der Hormontherapie am Beginn einer Entwicklung, deren Ausmaß und Grenze noch nicht abzusehen ist. Immer neue Indikationsgebiete werden erschlossen, während schon bekannte schärfer festgelegt werden und die Wirkungsweise klargelegt wird. Auf dem Gebiete der Geburtshilfe und Sterilitätsbekämpfung hat sich die hormonale Therapie einen unbestrittenen Platz gesichert, während die Erschließung weiterer therapeutischer Möglichkeiten häufig durch wirtschaftliche Erwägungen gehemmt wird oder an dem Mangel geeigneter Präparate scheitert. Dem Faktor der Wirtschaftlichkeit kommt bei der Hundepraxis eine geringere Bedeutung zu, da in der Hundehaltung Gefühlsmomente eine viel größere Rolle spielen. Vielleicht neigt auch der Hund mehr zu endokrinen Störungen als andere, noch nicht so weitgehend domestizierte und in ihrer Lebenshaltung an den Menschen angepaßte Haustiere. *Honekamp*[16] macht die Abkehr des Menschen von einer natürlichen Lebensweise und Ernährung verantwortlich für eine größere Anfälligkeit gegen Erkrankungen des endokrin-vegetativen Systems. Ob diese Erklärung zutrifft oder ob wir nur noch zu wenig von den hormonalen Störungen der Tiere und besonders der freilebenden Tiere wissen, muß die Zukunft lehren. Jedenfalls sind beim Hunde Erkrankungen der Schilddrüse weit häufiger als bei anderen Tieren, wobei die jugendlichen Größenschwankungen nicht in Betracht gezogen werden, sondern nur Veränderungen im Hormonhaushalt, die wirkliche Erkrankungen darstellen.

Es wurde deshalb beim Hund die Thyreoidaltherapie schon verschiedentlich in geringerem Umfange angewendet und von *Jakob*[18] und *Günther*[10] bei Ausfallserscheinungen, Kretinismus, Hautkrankheiten, Fettsucht und Kropf empfohlen. *Dexler*[5] hatte Erfolge bei Kretinismus, *Molitor*[24] und *Gratzl*[9] bei Fettsucht, *Fantin*[6], sowie *Lanfranchi* und *Seren*[21,22] in Kombination mit Hypophyse und Nebenniere bei Acanthosis nigricans. *Cormack*[3] und *Holmes*[15] empfehlen sie als Hilfstherapie bei Hautkrankheiten.

* Zusammenstellung des Schrifttums am Schlusse der III. Mitteilung auf S. 238.

Die physiologische Wirkung der Schilddrüse besteht vor allem in einer Beschleunigung aller Lebensvorgänge, ihre wichtigste Aufgabe ist die Regelung des Stoffwechsels. Eine Vermehrung der Hormonproduktion führt zu einer Erhöhung, eine Verminderung der Produktion zu einer Erniedrigung des Grundumsatzes. Die Wirkung bei peroraler Verabreichung von Schilddrüsenhormon tritt nach *Kemp* und *Okkels* [20] erst nach 6—8 Tagen ein, während die Drüse selbst einen rascher wirkenden Stoff abgeben kann. Die stoffwechselsteigernde Wirkung tritt nach *Abderhalden* und *Wertheimer* [1] über das sympathische Nervensystem ein, jedoch bestehen zu anderen endokrinen Drüsen ebenfalls enge Wechselbeziehungen. Die gegenseitige Beeinflussung erstreckt sich auf Hypophyse, Pankreas, Nebennieren und Keimdrüsen. Die Korrelationen sind ziemlich verwickelt und noch keineswegs vollkommen geklärt. *Unterfunktion* der Schilddrüse führt bei jugendlichen Individuen zu Wachstumshemmungen, Verzögerung des Ossifikationsprozesses und des Längenwachstums, eine weitere Folge kann Myxödem und Kretinismus sein. *Überfunktion* hat eine Steigerung des Stoffwechsels, übermäßige Erregbarkeit des Nervensystems, Auftreten von Herzklopfen und als besondere Form den Morbus Basedow im Gefolge. Tachykardie, Exophthalmus, Tremor musculorum, Hautpigmentierung und Störungen psychischer Natur sind die Anzeichen der Basedowschen Krankheit.

Ein Hemmnis für die allgemeine Anwendung der Schilddrüsenwirkstoffe war bis jetzt noch die toxische Wirkung, die sie gegebenenfalls entwickeln konnten und die besonders bei Thyroxin auftrat. Nun gelang es *Blum* [2] die bisher bekannte gesamte Jod-Eiweißfraktion weiter aufzuteilen; er gewann einen jodreichen Körper, der unter dem Namen „Elityran" in den Handel kommt. Experimentell und klinisch hat sich dieses Präparat dem Thyroxin und den übrigen Schilddrüsenpräparaten überlegen gezeigt. Nach den Angaben der Herstellerin (I. G. Farbenindustrie) hat das Präparat einen Jodgehalt von mindestens 0,6%. Die Prüfung mit allen Laboratoriumsmethoden, wie Beschleunigung der Amphibienmetamorphose, Resistenzerhöhung von Warmblütern gegen Acetonitrilvergiftung, Gewichtsabnahme, Kreatininausscheidung usw., hatte in jedem Fall günstige Ergebnisse. So fanden *Herzfeld, Mayer-Umhofer* und *Scholz* [14] einen doppelt so starken, entwicklungsfördernden Effekt des Elityran bei Fischen gegenüber dem Thyroxin, während eine toxische Wirkung, besonders die Auslösung von Krämpfen nicht beobachtet wurde. Zur Eichung des Präparates werden diese Methoden nicht herangezogen, auch nicht der Jodgehalt, der zu dem des Thyroxin wie 1 : 100 verhält; die Standardisierung erfolgt vielmehr auf Grund der stoffwechselsteigernden Wirkung beim Meerschweinchen. Jede Tablette zu 0,025 g enthält 10 Meerschweincheneinheiten (MSE.), jede Ampulle zu 2,0 ccm 8 MSE. der wirksamen Substanz.

Elityran kommt zur Anwendung bei der Bekämpfung von Ausfallserscheinungen, hervorgerufen durch Schilddrüseninsuffizienz, bei Adipositas und Hautkrankheiten, es wird weiterhin angewendet zur Entwässerung von Ödemen und zur Anregung der Diurese. Außerdem verwandte es *Terheggen* [31] zur Anregung der Callusbildung, *Feriz* [7] zur Verhütung der Thrombose, prophylaktisch vor Operationen. In der Veterinärmedizin wurde es nur in jüngster Zeit von *Molitor* [24] und *Gratzl* [9] bei Fettsucht angewandt.

Die toxische Wirkung der bislang beim Menschen verwendeten Schilddrüsenpräparate äußerte sich vor allem in unerwünschten Herzsensationen, Tachykardie und Herzklopfen. Von verschiedenen Autoren wurden auch nach Elityrangaben Nebenwirkungen beobachtet. So sah *Guttmann* [11] nach fünftägiger Behandlung (zweimal täglich 0,05 g und nach 2 Tagen dreimal täglich 0,05 g) leichtes Schwindelgefühl, Zittern, Pulsbeschleunigung, Blutdrucksenkung und allgemeines Unbehagen. Nach einigen Tagen hörten die Beschwerden auf. *Dehner* [4] fand in fast allen Fällen eine Tachykardie, es wurde jedoch nie nötig, die Kur abzubrechen, lediglich bei sehr starker Beschleunigung wurden die Dosen vermindert. Andere Autoren fanden keinerlei Störungen. Von *Noorden*[26] und *Popper*[28] betonen sogar, daß niemals irgendwelche Alterationen des Herzens und des Nervensystems aufgetreten seien.

1. Beobachtungen allgemeiner Natur.

Ich fand bei meinen therapeutischen Versuchen nur in 4 Fällen eine klinisch nachweisbare Veränderung der Herztätigkeit. Nach länger dauernder peroraler Verabreichung von bis zu 4 bzw. 5 Tabletten täglich bei kleinen Hunden verschwand in 2 Fällen die vorher deutlich ausgeprägte Arrhythmie des Pulses, ohne daß eine nennenswerte Beschleunigung eingetreten wäre. In einem Fall trat eine klinisch vorher nicht festgestellte Arrhythmie in Erscheinung, verbunden mit geringgradiger Erhöhung der Frequenz. Nur einmal trat eine ausgesprochene Tachykardie auf und einmal eine leichte Erhöhung der Frequenz. In den übrigen Fällen war weder einige Minuten nach der Injektion, noch im Verlaufe der Behandlung eine wesentliche Veränderung in Frequenz oder Qualität des Pulses festzustellen. Temperatur und Atmung hielten sich ebenso wie der Puls innerhalb der physiologischen Schwankungsbreite. Die in einigen Fällen festgestellte Mitralinsuffizienz wurde durch verschieden hohe Dosen nicht beeinflußt.

Auffällig war die stets auftretende Steigerung des Appetits. Diese Erscheinung erschwerte die Einhaltung der bei Entfettungskuren wünschenswerten Diät und führte dazu, daß bei Hunden ohne ausgesprochene Adipositas, also ohne die Möglichkeit einer intensiveren Fettverbrennung, leicht eine Gewichtszunahme auftrat. Bei einigen Hunden, die teils wegen Struma, teils wegen Hautkrankheiten behandelt wurden, wirkte Elityran deshalb geradezu als Plastikum. Diese Anregung des Appetits ist wohl nicht so sehr auf die allgemein stoffwechselsteigernde Wirkung zurückzuführen, sondern auf eine Motilitätssteigerung des Magens und Verstärkung der Hungerbewegungen (zit. *Laquer*[23]).

Eine ausgesprochen toxische Wirkung beobachtete *Koch* (mündliche Mitteilung) bei einem Schnauzerbastard, $2^{1}/_{4}$ Jahre alt, weiblich, Gewicht 6330 g. Der Hund erhielt, da zu dieser Zeit noch keinerlei Anhaltspunkte für eine Dosierung des Elityran vorlagen, in einem Tastversuche, der im Zusammenhang mit meinen Versuchen vorgenommen wurde, am 2. 1. 35 2 ccm = 8 MSE. und am 4. 1. 35 4 ccm = 16 MSE. Elityran subcutan. Am 6. 1. 35 trat starker wässeriger Durchfall auf, allgemeine Erregung, Schwäche. Auch am folgenden Tag war das Allgemeinbefinden sehr schlecht. Da das Symptom der Übererregung im Vordergrund des Krankheitsbildes stand, wurden 5,0 Bromostrontiuran subcutan gegeben. Von diesem Tage an trat auffällige Besserung ein, nach 2 Tagen konnten keinerlei Störungen des Allgemeinbefindens mehr festgestellt werden. Die rasche Besserung führe ich auf die Bromwirkung zurück, eine Ansicht, die durch Angaben im Schrifttum gestützt wird. Nach verschiedenen Untersuchungen kommt Brom im Stoffwechsel der Schilddrüse nicht vor. *Freund*[8] bezeichnet Stoffe, wie die Bromessigsäure als Stoffwechselantagonisten des Thyroxins. Klinisch wurden Stoffe, wie Avertin und Neoderm, die bromsubstituierte aliphatische Ketten enthalten, als Antagonisten des Thyroxins erkannt. Auf dieser entgegengesetzt gerichteten Wirkung des Bromostrontiurans gegenüber der Schilddrüse beruht meines Erachtens auch seine Wirkung bei Pruritus cutaneus. Wenn die Wirkung des Bromostrontiurans lediglich auf einer Desensibilisierung der Hautnerven beruhen würde, wie in der Literatur angegeben wird, dürfte es nicht so oft versagen, denn letzten Endes beruht der Juckreiz jeder pruriginösen Dermatose auf der Sensibilität der Hautnerven. Nimmt man jedoch eine spezifische Wirkung bei Pruritus an, der auf einer Überfunktion der Schilddrüse beruht, so sind die oft auffallenden Erfolge ebenso wie das zeitweilige Versagen des Bromostrontiurans hinreichend geklärt.

2. Elektrokardiographische Untersuchungen.

Um die Wirkung des Elityrans auf das Herz möglichst genau festzustellen, wurde neben der ständigen manuellen Pulskontrolle in einer Reihe von Fällen die elektrokardiographische Methode beigezogen. Es sollten dabei auch gleichzeitig die Ergebnisse *Herzfelds*[13] bei Meerschweinchen im Hundeversuch nachgeprüft werden. Außerdem kam es mir darauf an, die kleinste Dosis festzustellen, auf die der Körper noch reagiert, da es bei jeder Substitutionstherapie von Wichtigkeit ist, die geringste Erfolgsmenge zu kennen. Nur bedingt läßt sich allerdings aus der Herzwirkung ein Schluß auf den stoffwechselsteigernden Effekt ziehen. Des weiteren schien es von Wichtigkeit, die Folgen einer Überdosierung an Hand des Elektrokardiogramms (Ekg.) zu studieren, sowie die eventuelle Wirkung längerdauernder Elityrangaben auf das Herz. *Herzfeld*[13] prüfte die Wirkung von Schilddrüsenpräparaten auf die Herztätigkeit von Meerschweinchen, die Einverleibung erfolgte peroral und parenteral während längerer Zeit. Es wurden verwendet: Thyreoidin, Thyroxin und Thyreoglandol. Bei einem Teil der mit Thyreoidin behandelten Tiere trat eine Erhöhung der Pulsfrequenz ein. Bei den mit Thyroxin und Thyreoglandol behandelten Meerschweinchen blieb die Pulszahl, bei einem Tier trat Verzögerung ein. Das normale Ekg. wurde nicht beeinflußt, lediglich Schwankungen in der relativen Höhe der P- und R-Zacke traten bei manchen Tieren auf. Versuche an Kaninchen nahmen einen ähnlichen Verlauf; die Veränderungen der Zackenhöhe in einigen Fällen erinnerten an das Ekg. von Basedowkranken. *Herzfeld* zieht aus seinen Versuchen, die durch mikroskopische Herzuntersuchungen ergänzt werden, den Schluß, daß das Schilddrüseninkret nicht am Herzen direkt angreift, sondern auf nervösem Wege, indem es auf die peripheren Endapparate sensibilisierend wirkt.

Für meine Versuche stand mir als Aufnahmegerät ein Saitengalvanometer nach *Einthoven*, gebaut von der Firma Edelmann-München, zur Verfügung. Als Ableitung wurde die an der hiesigen Klinik übliche Thoraxableitung gewählt, nämlich für das Basispotential die Regio praescapularis, für das Spitzenpotential die Regio apicis. Als Elektroden wurden Injektionsnadeln verwandt.

Versuch 1.

Rauhhaariger Dachshund, braun, männlich, 5 Jahre alt. Tgb.-Nr. 435; Gewicht 16300 g; Puls 110, Temperatur 38,6°, Atmung 66. Der Hund wurde, um jede Erregung zu vermeiden, bereits längere Zeit vor der Aufnahme in den Ekg. Raum getragen. Nachdem angenommen werden konnte, daß das Herz seine normale Schlagfrequenz habe, was auch durch Vergleich mit früher gewonnenen Zahlen bestätigt wurde, wurde die erste Aufnahme gemacht. Es erfolgte dann die Injektion von 0,3 ccm Elityran = 1,2 MSE. Ekg. wurden aufgenommen 3, 6, 13, 19 und 25 Min. post injectionem; das Allgemeinbefinden des Tieres war nicht gestört.

Tabelle 1.

	1. ante inj.	2. 3 Min. post inj.	3. 6 Min. post inj.	4. 13 Min. post inj.	5. 19 Min. post inj.	6. 25 Min. post inj.
Kürzeste Herzrevolution ..	0,44	0,50	0,43	0,52	0,46	0,47
Längste Herzrevolution ..	0,78	0,72	0,91	0,87	0,84	1,1
Durchschnittliche Herzrevolution	0,55	0,59	0,64	0,64	0,67	0,77
Herzfrequenz	109	101,69	93	93	89,55	77,92

Aus der Tabelle geht hervor, daß sich nach der Injektion von 0,3 ccm Elityran die Herzfrequenz bereits nach 3 Min. verringerte und fast fortlaufend geringer wurde. Diese Verlangsamung war die Folge zum Teil von einer Verlängerung der Herzperiode überhaupt und vor allem von einer Vertiefung der bereits bestehenden Arrythmie. Eine qualitative Veränderung der einzelnen Herzaktionen trat nicht ein.

Versuch 2.

Schottischer Terrier, weiblich, schwarz, 3 Jahre alt, Gewicht 7100 g; Puls 110, Temperatur 39,0°, Atmung 28.

Das erste Ekg. wurde aufgenommen vor der Injektion bei normaler Pulsfrequenz, deren Höhe durch verschiedene Zählungen einige Tage vorher festgestellt worden war. Es wurden 8,0 ccm = 32 MSE. Elityran subcutan injiziert, also eine Dosis, die beträchtlich über der therapeutischen Dosis des Menschen liegt. Ekg. wurden aufgenommen 10, 20 und 30 Min. nach der Injektion.

Tabelle 2.

	1. ante inj.	2. 10 Min. post inj.	3. 20 Min. post inj.	4. 30 Min. post inj.
Kürzeste Herzrevolution	0,52	0,57	0,62	0,61
Längste Herzrevolution	0,56	0,65	0,80	0,76
Durchschnittliche Herzrevolution . . .	0,54	0,61	0,69	0,69
Herzfrequenz	111	98	86,9	86,9

Bei der nach der subcutanen Injektion von 32 MSE. eintretenden Verlangsamung der Herztätigkeit spielten 3 Faktoren mit: Einmal die Verlängerung der Herzaktionen überhaupt, die auf einer Verlängerung der Herzpause T—P beruhte, zweitens einer stärkeren Ausprägung der Arrhythmie durch Verlängerung einzelner Herzpausen und drittens durch ein häufigeres Auftreten dieser verlängerten Herzschläge.

Versuch 3a.

Schnauzerbastard, grau, weiblich, 1$^{1}/_{2}$ Jahre alt, Gewicht 15600 g; Puls 108, Temperatur 38,7°, Atmung 24.

Der klinisch gesunde Hund zeigte außer einer sehr stark ausgeprägten Pulsarrhythmie keinerlei Besonderheiten. Es wurde vor der Injektion ein Ekg. aufgenommen. Im Abstand von 10 Min. wurden zweimal je 2,0 ccm = insgesamt 16 MSE. Elityran subcutan gegeben. Herzaufnahmen wurden nach 10, 15, 20 und 25 Min. gemacht. Die angegebenen zeitlichen Abstände rechnen von der ersten Injektion ab.

Tabelle 3.

	1. ante inj.	2. 10 Min. post inj.	3. 15 Min. post inj.	4. 20 Min. post inj.	5. 25 Min. post inj.
Kürzeste Herzrevolution	0,51	0,52	0,54	0,51	0,53
Längste Herzrevolution	1,20	0,58	0,60	0,60	0,60
Durchschnittliche Herzrevolution	0,82	0,55	0,57	0,56	0,56
Herzfrequenz	73	107,9	105	107	107

Ad 1. Das Ekg. zeigt eine ausgeprägte Arrhythmie; es tritt eine Extrasystole (ES.) auf, die sich in den normalen Herzrhythmus einreiht, und deren Kammerkomplex sich nicht von einer normalen Ventrikelsystole (VS.) unterscheidet. Die Spanne von der R-Zacke der vorhergehenden normalen Herzperiode bis zum R der ES. beträgt 1,05 Sek., die zur nachfolgenden 1,24 Sek.

Ad 2. Von 16 aufgezeichneten Herzschlägen sind 8 normale Kontraktionen, die anderen ES. In der obigen Tabelle wurden, wie im folgenden überhaupt, nur die normalen Aktionen berücksichtigt, die in diesem Fall stets zu zweien auftraten, und nur geringgradige Schwankungen zeigten. Dazwischen liegen je 1—2 ES., die in ihrem negativen Teil bedeutend stärker ausgeprägt sind als die normalen VS.; das R—T-Intervall ist bei beiden gleich (R—T = 0,2 Sek.). Zwischen R und dem normalen biphasischen T liegen bei den meisten ES. noch 1—2 Zacken, die sich bis zur Höhe von T erheben können. Der Abstand zweier ES. voneinander ist stets bedeutend größer als der zweier normaler VS., wobei regelmäßig T—P vor einer normalen Aktion kürzer ist als nach einer normalen Aktion (1,09—1,28 Sek.). Die tatsächliche Herzfrequenz, das heißt unter Einrechnung der ES., beträgt 63 in der Minute, gegen 107,9, wenn nur die normalen Herzrevolutionen berücksichtigt werden. Das Ekg. ist trotz der Vermehrung der ES. regelmäßiger als vor der Injektion.

Ad 3. Von 16 aufgezeichneten Herzschlägen sind 7 normale Kontraktionen, der Rest ES. Die ES. treten stets paarweise auf, die normalen

Aktionen ebenso, jedoch mit einer Ausnahme. Diese einzelne normale Kontraktion folgt auf eine so lange Herzpause T—P, wie sie sonst nur die ES. haben. Die von R zu R gemessene Länge der ES. bewegt sich zwischen 1,24 und 1,32 Sek., so daß die tatsächliche Frequenz 60,9 Schläge in der Minute beträgt.

Ad 4. Von 13 aufgezeichneten Herzschlägen sind 7 normale Kontraktionen, die anderen paarweise sich folgende ES. ES. mit einfachem biphasischem T treten nicht mehr auf; die Strecke S—T ist jedoch gegen früher gleichgeblieben. Die einzelne normale Kontraktion tritt nach langer Herzpause T—P auf. Die tatsächliche Frequenz des Herzens beträgt mit ES. (0,74—1,3 Sek. mit der gleichen Verteilung der Längen wie bei 2) 60,9 Schläge in der Minute. Abbildung in der Zusammenfassung (Abb. 1).

Ad 5. Von 13 aufgezeichneten Herzschlägen sind 8 normale Kontraktionen, der Rest ES. Die normalen Kontraktionen treten 3mal paarweise auf und 2mal je eine allein. Die einzelnen normalen Herzperioden folgen auf eine lange Herzpause T—P. Die tatsächliche Frequenz des Herzens beträgt mit den ES. (1—1,58 Sek. mit der gleichen Verteilung der Längen wie früher) 54 Schläge in der Minute.

Versuch 3b.

Derselbe Hund wie in Versuch IIIa, 24 Stunden nach dem ersten Versuch. Puls 88, Temperatur 40,0°, Atmung 28. Klinisch war keinerlei Störung des Allgemeinbefindens außer der Erhöhung der Temperatur feststellbar. Nach der Aufnahme eines Ekg. wurden 4,0 ccm = 16 MSE. subcutan gegeben. Weitere Ekg. nach 10, 15 und 20 Min.

Tabelle 4.

	1. ante inj.	2. 10 Min. post inj.	3. 15 Min. post inj.	4. 20 Min. post inj.
Kürzeste Herzrevolution	0,44	0,51	0,42	0,51
Längste Herzrevolution	0,66	1,16	1,18	0,90
Durchschnittliche Herzrevolution	0,52	0,71	0,70	0,62
Herzfrequenz	115	84	85	97

Ad 1. Normaler Ablauf sämtlicher Herzaktionen; die schwach ausgeprägte Arrhythmie ist unregelmäßig, die Intensität der VS. ist, nach der verschiedenen Höhe der R-Zacke zu schließen, nicht gleichmäßig.

Ad 2. Normaler Ablauf sämtlicher Herzaktionen, die Arrythmie ist deutlich ausgeprägt und erfolgt in regelmäßigen Abständen auf Bündel rascher Herzkontraktionen.

Ad 3. Normaler Ablauf sämtlicher Herzaktionen; die Arrhythmie ist unregelmäßig, aber eher noch deutlicher ausgeprägt als in 2. Die R-Zacken sind verschieden hoch. Die raschen Herzschläge für sich würden eine Frequenz von 150 Schlägen in der Minute ergeben.

Ad 4. Normaler Ablauf sämtlicher Herzaktionen; die Arrhythmie ist unregelmäßig und nicht mehr so ausgeprägt.

Versuch IV.

Schäferhundbastard, grau, weiblich, 13 Jahre alt, Gewicht 17400 g. Vor Aufnahme des ersten Ekg. Puls 104, Temperatur 39,0°, Atmung 32. Bei Aufnahme des letzten Ekg. Puls 110, Temperatur 38,9°, Atmung 28. Die Ekg. wurden von diesem Hund im Verlauf einer Behandlung wegen Adipositas gemacht, er erscheint in der späteren Kasuistik in Kapitel III unter Nr. 10. Die Fettsucht beruhte auf einer histologisch nachgewiesenen Insuffizienz der Schilddrüse. Es wurde vor der Injektion von 0,5 ccm = 2 MSE. Elityran ein Ekg. aufgenommen, sowie 5 und 7 Min. post injectionem. In viertägigen Abständen wurden dreimal je 0,5 ccm, insgesamt 1,5 ccm = 6 MSE. gegeben. Die Dosis genügte, um einen Gewichtsverlust von 500 g = 2,8% des anfänglichen Körpergewichtes zu erzielen. Das letzte Ekg. wurde 12 Tage nach der Injektion aufgenommen.

Tabelle 5.

	1. ante inj.	2. 5 Min. post inj.	3. 7 Min. post inj.	4. nach 12 Tagen
Kürzeste Herzrevolution	0,49	0,55	0,58	0,50
Längste Herzrevolution	0,90	0,65	0,66	0,60
Durchschnittliche Herzrevolution	0,69	0,59	0,61	0,55
Herzfrequenz	86,9	100	97,9	108,1

Entgegen den bisherigen Erfahrungen trat nach der Injektion von 0,5 ccm Elityran eine Beschleunigung der Herztätigkeit ein, die offensichtlich dadurch zustande kam, daß der Rhythmus des Herzens regelmäßiger wurde, das heißt, daß die einzelnen Herzschläge mehr zu einem Mittelwert neigten. Die Arrhythmie war klinisch nicht festzustellen, trat im Ekg. unregelmäßig auf und ist mit der Frequenz der Atmung nicht in Einklang zu bringen. Maßgebend für das Ergebnis, das zwar eine Rhythmisierung der Herzschlagfolge, aber gleichzeitig eine Beschleunigung zeigt, ist die Tatsache, daß ein pathologischer Zustand der Schilddrüse vorlag. Das zugeführte Schilddrüsenhormon ersetzte also vor allem die darniederliegende Funktion der Drüse, die in einer Beschleunigung aller Lebensvorgänge besteht, während in den übrigen bisherigen Fällen mit dem zugeführten Schilddrüsenhormon ein Überschuß entstand (vgl. Versuch 1 und 2), der in gegenteiligem Sinne wirkte. Der manuell abgenommene Puls zeigte auch später im Verlauf des 6 Wochen dauernden Versuches keine Rückkehr mehr zu der anfänglichen niedrigen Frequenz von 104 Schlägen, sondern stieg bis 136 Schläge in der Minute.

Versuch 5.

Schnauzerbastard, grau, weiblich, 4 Jahre alt. Gewicht 10100 g; Puls 128, Temperatur 38,4°, Atmung 26. Der Hund war klinisch vollkommen gesund. Die früher von ihm gemachten Ekg. zeigten im Verlauf eines Versuches bereits eine Abweichung vom Normalen. Es traten damals nach der Injektion von 0,005 Atropin nach Ablauf von 10—15 Min. die gleichen Veränderungen auf, wie sie unter 6 beschrieben werden. Es wurden täglich 2 Tabletten Elityran gegeben, also eine noch therapeutische Dosis. Erstes Ekg. vor Beginn der Elityrangaben, dann am 5., 9., 13. und 17. Versuchstag, sowie 5 Tage nach Abschluß des Versuches. Das

Allgemeinbefinden des Hundes war während der ganzen Zeit nicht gestört. Puls, Temperatur und Atmung wurden täglich, das Gewicht alle 3 Tage kontrolliert.

Tabelle 6.

	1. 1. Tag	2. 5. Tag	3. 9. Tag	4. 13. Tag	5. 17 Tag	6. nach 5 Tagen
Kürzeste Herzrevolution	0,45	0,36	0,48	0,42	0,39	0,41
Längste Herzrevolution	0,92	1,04	0,94	1,06	0,60	1,12
Durchschnittliche Herzrevolution	0,68	0,51	0,67	0,73	0,53	0,58
Herzfrequenz	88,2	117,6	89,5	82,2	113,4	103,4

Ad 1. Zahl und Form der einzelnen Herzaktionen ist normal. Das AS—VS-Intervall schwankt zwischen 0,12 und 0,18 Sek., bewegt sich also innerhalb der physiologischen Schwankungsbreite. Als A—V-Intervall wird die Strecke vom Beginn der Atriumzacke (P-Zacke) bis zum Beginn der Initialschwankung (R-Zacke) bezeichnet, also Atriumsystole + Überleitungszeit P—R. Die Arrhythmie ist deutlich und tritt mit einer gewissen Regelmäßigkeit auf; auf 3—4 kurze Schlagperioden folgen 2 längere.

Ad 2. Die Arrhythmie ist ausgeprägter, auf Bündel kurzer Kontraktionen (4—5) folgen 1—2 lange. Es treten einzelne Vorhofschwankungen ohne VS. auf, und zwar unter 26 Herzschlägen 3 in unregelmäßiger Folge. Das A—V-Intervall der normalen Herzschläge schwankt zwischen 0,12 und 0,16 Sek. Die Spanne von der erwähnten Vorhofzacke bis zur nächsten normalen Vorhofzacke bewegt sich zwischen 0,55 und 0,63 Sek., entspricht also in der Länge dem Durchschnitt einer normalen Herzperiode.

Ad 3. Normales Ekg. mit deutlich ausgeprägter Arrhythmie. Das A—V-Intervall schwankt zwischen 0,12 und 0,15 Sek.

Ad 4. Die Arrhythmie ist deutlich ausgeprägt, es treten Atriumzacken ohne VS. auf, und zwar treffen auf 20 Herzschläge 8. Die einzelnen Vorhofzacken treten dabei nicht in gleichbleibenden Abständen vom vorausgehenden T oder vom nachfolgenden P auf, sondern es kann der aufsteigende Schenkel der Finalschwankung direkt in den aufsteigenden der P-Zacke übergehen bzw. eine Pause bis zu 0,42 Sek. bestehen. Der Abstand zwischen den vereinzelten Vorhofzacken und dem nachfolgenden normalen P bewegt sich zwischen 0,14 und 0,63 Sek. Das A—V-Intervall normaler Kontraktionen schwankt zwischen 0,12 und 0,14 Sek.

Ad 5. Normales Ekg. mit deutlicher, aber nicht so häufig auftretender Arrhythmie, A—V-Intervall zwischen 0,11 und 0,14 Sek.

Ad 6. Deutlich ausgeprägte Arrhythmie; es treten vereinzelte Vorhofzacken auf, jedoch nicht so gehäuft wie im Ekg. Nr. 4 (auf 26 Kontraktionen 2). Das A—V-Intervall der normalen Kontraktionen schwankt zwischen 0,08 und 0,10 Sek. R_2 erweckt den Anschein einer ES., gehört aber zu P_2, die der VS. in einem Abstand von 0,54 Sek. vorausgeht und für sich betrachtet den Anschein einer Vorhof-ES. bildet, wie sie bisher als einzige Unregelmäßigkeit aufgetreten war. Es handelt sich also um eine atrioventrikuläre Reizleitungsverzögerung. Die Spanne zwischen den einzelnen Vorhofschwankungen und den darauffolgenden normalen P bewegt sich zwischen 0,3 und 0,67 Sek. Es handelt sich bei dieser Unregelmäßigkeit um einen partiellen 2 : 1-Block.

Zusammenfassung.

Unmittelbar auf die Injektion verschieden großer Dosen von Elityran (mit den Grenzwerten 1,2 MSE. und 32 MSE.) tritt eine Verlangsamung

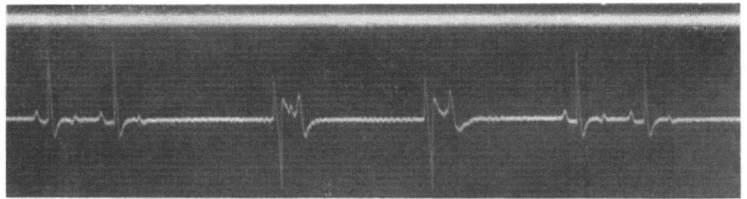

Abb. 1. Ekg. Nr. 4 von Versuch III a.

der Herzschlagfolge ein, die durch verschiedene Faktoren verursacht wird. Die Verminderung der Herzfrequenz kann eintreten:

1. dadurch, daß sämtliche Herzperioden durch Verlängerung der Herzpause T—P länger werden;
2. dadurch, daß einzelne unregelmäßig auftretende Herzperioden länger als vorher werden;
3. dadurch, daß die beim Hund physiologische, als respiratorische Sinusarrhythmie bezeichnete Unregelmäßigkeit des Herzrhythmus häufiger eintritt.

Eine qualitative Änderung des Ekg. trat auch nach großen Dosen innerhalb von 30 Min. nicht auf. Die in einem weiteren Versuche nach 2 MSE. aufgetretene Erhöhung der Herzfrequenz ist auf eine Erkrankung der Schilddrüse zurückzuführen.

Im Versuch 3a handelt es sich im Gegensatz zu den vorhergehenden um ein pathologisches Ekg., da es schon vor den Elityrangaben eine ES. enthielt. Extrasystolien sind beim Hund verhältnismäßig selten; von *Nörr* [26] wurden sie bei 1000 elektrokardiographierten Hunden 8mal gefunden. Während in dem vor der Injektion aufgenommenen Ekg. nur 1 ES. gefunden wurde, traten sie nach der Einverleibung von Elityran (2mal je 8 MSE. im Abstand von 10 Min.) gehäuft auf (Abb. 1).

24 Stunden später waren bei demselben Hund (Versuch 3b) keine ES. mehr festzustellen und auch durch weitere Elityrangaben nicht zu provozieren. Das Ekg. ist vollkommen normal, nur die Arrhythmie wurde nach der Injektion von 16 MSE. ausgeprägter (Abb. 2).

In 2 Versuchen wurde Elityran längere Zeit hindurch gegeben, 1mal trat Herzbeschleunigung auf (es handelt sich hier um den oben erwähnten Fall von Schilddrüseninsuffizienz), und 1mal schwankte die Frequenz in normalen Grenzen. In Versuch 4 veränderte sich die Form des Ekg. nicht, während in Versuch 5 eine pathologische Veränderung festgestellt werden konnte. Es traten in unregelmäßigen Abständen Störungen in der atrioventrikulären Reizleitung auf, die beim

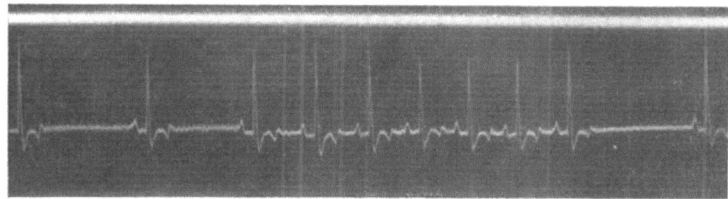

Abb. 2. Ekg. Nr. 3 von Versuch IIIb.

Hund sehr selten sind und von *Nörr* [26] bei 1000 Hunden nur 4mal gefunden wurden. Es handelte sich einmal um eine Reizleitungsverzögerung, im übrigen um einen partiellen 2 : 1-Block (Abb. 3).

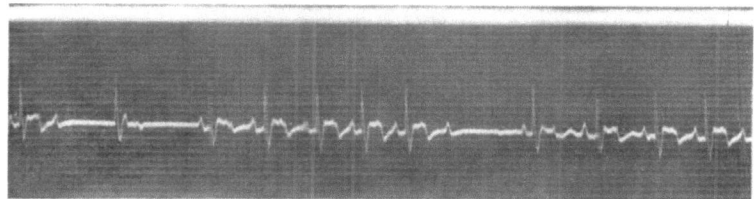

Abb. 3. Ekg. Nr. 6 von Versuch V.

Ergebnisse.

Durch elektrokardiographische Messungen wurde bei gesunden Hunden im Anschluß an die subcutane Injektion verschieden hoher Dosen des Schilddrüsenpräparates Elityran eine Verminderung der Herzfrequenz festgestellt. Diese Verlangsamung des Herzschlages ist vor allem auf Vermehrung und Vertiefung der respiratorischen Sinusarrhythmie, also auf eine vagotonische Wirkung zurückzuführen.

In einem Fall wurde durch länger fortgesetzte Elityrangaben eine Vaguswirkung erreicht, nämlich dieselbe Veränderung des Elektrokardiogramms wie in einem früheren Versuch durch Atropin (atrioventrikuläre Reizleitungsverzögerung, partieller 2 : 1-Block).

Bei einem Hund mit histologisch nachgewiesenem Schilddrüsendefekt wurde die Zahl der Herzschläge erhöht.

Die in einem Fall festgestellten Ventrikel-Extrasystolen traten im Anschluß an die Injektion vermehrt auf und konnten nach 24 Stunden nicht mehr nachgewiesen werden.

(Aus der Medizinischen Tierklinik der Universität München.
Vorstand: Prof. Dr. *J. Nörr*.)

Experimentelle und klinische Untersuchungen über Schilddrüsenhormontherapie beim Hund*.

II. Mitteilung.

Die Behandlung der Fettsucht und der Dyspnoe mit Elityran.

Von

Dr. Joseph Witzigmann.

Mit 2 Textabbildungen.

(Eingegangen am 22. Dezember 1936.)

3. Die Behandlung der Fettsucht.

Ihrer Ursache nach unterscheiden wir eine exogene und eine endogene Fettsucht. Die exogene oder Mastfettsucht hat ihren Ursprung in herabgesetzter Bewegungslust oder -fähigkeit, wozu meist noch erhöhter Appetit und vermehrte Nahrungsaufnahme kommt. Die endogene Fettsucht ist ihrer Genese nach schwerer zu bestimmen, da die Ursachen für eine verminderte Verbrennung des Körperfettes und für einen vermehrten Fettanbau sehr mannigfach sein können. Neben einer konstitutionellen Adipositas, für die krankhafte Veränderungen nicht verantwortlich gemacht werden können, sind es vor allem endokrine Störungen, die einen vermehrten Fettansatz bewirken. In erster Linie kommen Thyreoidea, Hypophyse und Keimdrüsen in Betracht. Bezüglich der letzteren sind die Folgen der Kastration männlicher und weiblicher Tiere bekannt und klinisch wohl am besten charakterisiert. In Anbetracht der engen Beziehungen, die zwischen Thyreoidea, Hypophyse und Keimdrüse bestehen, ist es erklärlich, daß eine lediglich auf der Subfunktion *einer* dieser Drüsen beruhende Fettsucht verhältnismäßig selten ist. Ihr Charakter ist lediglich nach dem Grad der Beteiligung einer dieser Hormonquellen nach der betreffenden Seite hin mehr oder minder ausgeprägt. Im allgemeinen wird man fast immer von einer pluriglandulären Adipositas sprechen müssen. Am häufigsten begegnet man dem Vorherrschen von Erscheinungen einer Hypothyreoidosis; jedoch wird auch in Fällen pluriglandulärer Prägung oder in solchen, in denen eine endokrine Ursache nicht zu vermuten ist, die Schilddrüsentherapie wegen ihrer stoffwechselsteigernden Wirkung angewendet. Entfettungskuren mit den früher gebräuchlichen Präparaten, besonders mit Thyroxin, konnten häufig nicht bis zum gewünschten Erfolg durch-

---

* Zusammenstellung des Schrifttums am Schlusse der III. Mitteilung auf S. 238.

geführt werden, da ihre toxische Wirkung unangenehme Nebenerscheinungen verursachte. Da dem Elityran diese Nachteile nicht anhaften, sind auch naturgemäß die Erfolge sowohl im Einzelfall, wie auch in der allgemeinen Verwendbarkeit größer. Die umfangreiche Literatur über Elityran bei Fettsucht des Menschen soll nur soweit unbedingt notwendig angeführt werden.

Nach *Popper*[28] erfolgt eine Steigerung des Grundumsatzes schon in den ersten Tagen der Kur um 10—20%, *Dehner*[4] fand als höchsten Wert 68,2% und im Durchschnitt 30—40% in 3 Wochen. Hervorgehoben wird von den meisten Autoren auch die starke diuretische Wirkung (*von Noorden*[26], *Dehner*[4], *Popper*[28] u. a.). Die Gewichtsabnahme war nach den gleichen Autoren fast immer befriedigend, in extremen Fällen betrug sie 30 kg. *Molitor*[24] wandte das Präparat bei Hunden mit gutem und sehr gutem Ernährungszustand an. Die intramuskuläre Einverleibung war häufig erfolglos, in einigen Fällen wurde sogar eine Gewichtszunahme festgestellt. Perorale Gaben hatten erst bei 3—4 Tabletten täglich einen deutlichen gewichtsmindernden Erfolg. Irgendwelche Störungen des Allgemeinbefindens oder Reizerscheinungen an der Injektionsstelle wurden nicht beobachtet. *Gratzl*[9] bestätigt die Erfolge bei peroraler Verabreichung und empfiehlt zur Verstärkung der Wirkung die gleichzeitige Anwendung eines Diureticums.

Eigene Versuche.

In 25 Fällen von Adipositas und gutem, jedoch nicht mastigem Ernährungszustand wurde eine Elityrankur durchgeführt, und zwar bei Fettsucht 10mal mit peroraler und 10mal mit parenteraler Einverleibung, bei den übrigen 5 Fällen von gutem Ernährungszustande, 2mal per os und 3mal per injectionem. Um die Versuche den praktischen Erfordernissen anzupassen, wurden die meisten Patienten poliklinisch behandelt. Die relative Unmöglichkeit einer genauen Diät mußte damit in Kauf genommen werden, dafür wurden Vorteile eingetauscht, die mir immerhin beachtlich erscheinen. Einerseits wurde die gewohnte tägliche Bewegung nicht verkürzt und andererseits vermieden, daß infolge psychischer Einflüsse ein falsches Bild entstehen konnte. Der Behandlung ging stets ein Zeitabschnitt voraus, für den Diätvorschriften gegeben wurden, die auch während der Kur einzuhalten waren. Ich wollte so erreichen, daß die Wirkung des Elityrans möglichst eindeutig herausgestellt wurde. Reine Mastfettsucht wurde nach Möglichkeit ausgeschlossen.

Die Gewichtsfeststellungen wurden bei jeder Behandlung vorgenommen, also in zwei- bis dreitägigen Abständen und in einigen Fällen noch einige Wochen nach Beendigung der Kur. Sie erfolgten stets vormittags zur gleichen Zeit, nüchtern und nach einiger Bewegung, so daß Kot- und Harnabsatz erfolgt war. Über den Wert der Gewichtsfeststellungen stellte ich in einem orientierenden Vorversuch die Schwankungen fest, denen das Gewicht gesunder Hunde ohne ersichtliche äußere Beeinflussung unterworfen ist. Bewegung, Fütterung und Wägungszeit wurden strikt eingehalten, der Versuch auf einmal durchgeführt. Es wurden 8 Hunde verschiedener Rassen in zweitägigen Abständen je sechsmal gewogen.

Gewichtsschwankungen gesunder Hunde in Gramm innerhalb von 10 Tagen.

	Hund							
	1	2	3	4	5	6	7	8
Durchschnittliches Gewicht	10050	13583	10108	9375	21105	9550	7250	7801
Höchstes Gewicht	10400	13900	11050	9550	21850	9850	7400	8100
Niedrigstes Gewicht	9900	13400	10000	9150	20080	9100	7050	7650

Aus der Tabelle ist ersichtlich, das schon normaliter, obwohl die äußeren Bedingungen vollkommen gleich gehalten wurden, innerhalb von 10 Tagen beträchtliche Gewichtsschwankungen auftreten. Einer einzelnen Wägung ist also keine beweisende Eigenschaft zuzumessen. Es ist nötig, die ganze Tendenz der Bewegung in Betracht zu ziehen; erst daraus lassen sich Schlüsse ziehen auf die tatsächlichen Gewichtsverhältnisse.

Puls, Temperatur, Atmung, Herz und Lungen wurden bei jedem Patienten untersucht und unter Kontrolle gehalten.

Zur parenteralen Einverleibung wurde die subcutane Injektion in kleinen, häufig wiederholten Dosen angewendet. Nur in einigen Fällen wurde intramuskulär injiziert und gegenüber der subcutanen Applikationsart keinerlei Vorteile festgestellt; ich glaube vielmehr, daß die langsamere Resorption bei subcutaner Anwendung in höherem Grade der mehr kontinuierlichen Produktion des Hormons entspricht, also den natürlichen Verhältnissen näher kommt.

Fälle.

1. Tgb.-Nr. 1724. Langhaariger Dachshund, männlich, schwarzbraun, 5 J. — Adipositas, sehr träge, Dyspnoe bei geringer Anstrengung. — Gewicht 16620 g. Vom 29. 3. bis 29. 4. 35 elf Injektionen in steigenden Dosen von 0,3—0,5 ccm, insgesamt 18 MSE. Gewichtsverlust 1570 g = 9,5%. Nach der Behandlung frischer und lebhafter, Atembeschwerde gebessert. Anschließend wurde mit Tabletten die Behandlung fortgesetzt. Die später vorgenommene Sektion ergab Hypoplasie der Schilddrüse.

2. Tgb.-Nr. 17. Kurzhaariger Dachshund, weiblich, schwarzbraun, 8 Jahre. Adipositas, Dyspnoe mit Röcheln, mäßige Hyperplasie der Schilddrüse. — Gewicht 12400 g. Vom 3. 4. bis 20. 5. 35 elf Injektionen in steigenden und fallenden Dosen von 0,2—0,4 ccm, insgesamt 11,6 MSE. Gewichtsverlust 1150 g = 9,2%. Das Allgemeinbefinden des Tieres war wesentlich gebessert, es war beweglicher geworden, die Atmung leichter. Das Röcheln bestand noch und besserte sich auch in der späteren Beobachtungszeit nicht. Der Hund wurde einen und sechs Monate nach Abschluß der Behandlung wieder vorgestellt und gewogen. Das Gewicht hatte sich noch weiter gesenkt, so daß die Gewichtsabnahme zuletzt 1300 g = 10,5% betrug.

3. Tgb.-Nr. 312. Kurzhaariger Dachshund, weiblich, gelbbraun, 9 Jahre. Adipositas, Pruritus cutaneus, Polydipsie, Nephritis indurativa. Gewicht 13600 g. Vom 7. 5. bis 20. 5. 35 fünf Injektionen in steigenden Dosen, insgesamt 6 MSE. Gewichtsverlust 450 g = 3,3%. Allgemeinbefinden nicht wesentlich geändert.

4. Tgb.-Nr. 293. Deutscher Schäferhund, männlich, graugelb, $4^1/_2$ Jahre. — Adipositas. — Gewicht 54500 g. Vom 6. 5. bis 20. 7. 35 achtzehn Injektionen in steigenden und fallenden Dosen von 0,2—1,0 ccm, insgesamt 45,2 MSE. Nach

13 Injektionen betrug die Gewichtsabnahme 5000 g = 9,1%. Der Hund nahm dann innerhalb weniger Tage 2 kg zu, dann sank das Gewicht bei Fortsetzung der Kur wieder auf 49 675 g, das entspricht einer Abnahme nach Beendigung der geplanten Injektionsreihe von 8,8%. Einen Monat später war das Gewicht um weitere 850 g gesunken, so daß die Gewichtsminderung zu diesem Zeitpunkt 10,7% betrug. Das Allgemeinbefinden war wesentlich gebessert, der Hund sehr lebhaft und munter.

5. Tgb.-Nr. 435. Rauhhaariger Dachshund, männlich, braun, 5 Jahre. Adipositas, Mitralinsuffizienz, Nephritis chronica. Gewicht 16300 g. Vom 3. 7. bis 14. 7. 35 zwölf Injektionen in steigenden und fallenden Dosen von 0,3—0,5 ccm, insgesamt 22,4 MSE. Gewichtsverlust 1275 g = 7,7%. Das Allgemeinbefinden war gebessert. Die Nephritis wurde mit Hexamethylentetramin behandelt.

6. Tgb.-Nr. 367. Zwergspitz, männlich, weiß, 6 Jahre. Adipositas, Dyspnoe, Mitralinsuffizienz. — Gewicht 4400 g. Vom 13. 5. bis 29. 5. 35 sechs Injektionen in steigenden Dosen von 0,2—0,4 ccm, insgesamt 7,2 MSE. Gewichtsverlust 200 g = 4,5%. Schon nach wenigen Injektionen war die Beweglichkeit mäßig gut gebessert.

7. Tgb.-Nr. 759. Kurzhaariger Dachshund, weiblich, schwarzbraun, 6 Jahre. Adipositas, Struma, Mitralinsuffizienz. — Gewicht 8150 g. Vom 1. 7. bis 26. 9. 35 dreizehn Injektionen in steigenden und fallenden Dosen von 0,3—0,8 ccm, insgesamt 28,8 MSE. Gewichtsverlust 650 g = 7,9%. Die Struma wurde nicht beeinflußt, das Temperament lebhafter.

8. Tgb.-Nr. 792. Kurzhaariger Dachshund, weiblich, schwarzbraun, 6 Jahre. Adipositas; Gewicht 11150 g. Vom 5. 7. bis 11. 7. 35 drei intramuskuläre Injektionen (0,3; 0,3; 0,4 ccm), insgesamt 4 MSE. Am 18. 7. 35 Gewichtsverlust von 625 g = 5,5%. Die Behandlung wurde vorzeitig abgebrochen.

9. Tgb.-Nr. 3537. Sealyham Terrier, weiblich, weiß mit braunen Abz., 10 Jahre. — Adipositas, Dyspnoe. — Gewicht 15500 g. Vom 5. 3. bis 5. 4. 35 sechs Injektionen von 0,2—0,3, insgesamt 6,4 MSE. Kein Gewichtsverlust, keine Änderung des Allgemeinbefindens.

10. Hund Kasperl, Schäferhundbastard, weiblich, grau, 13 Jahre. Adipositas. — Gewicht 17400 g. Vom 13. 2. bis 4. 3. 36 elf Injektionen von 0,5—1,5 ccm, insgesamt 44 MSE. Gewichtsverlust 1200 g = 6,8%. Drei Wochen später eine weitere Gewichtsminderung von 430 g Gesamtabnahme zu diesem Zeitpunkt 1630 g = 9,3%. Der Hund wurde 2 Monate später wegen Hydropsien, die im Gefolge von Nephrocirrhose und Herzfehler auftraten, getötet. Bei der Sektion wurde die klinische Diagnose bestätigt, außerdem wurde noch Lymphadenose und Erkrankung der Thyreoidea festgestellt.

Von den 10 Fällen von Adipositas wurden 9 mit verschiedengradigen Erfolgen behandelt, einer (9) lieferte ein negatives Ergebnis. Im allgemeinen wurden sehr kleine Dosen in häufiger Wiederholung gegeben. Der größte Gewichtsverlust nach Versuchsbeendigung wurde in Fall 1 festgestellt, nämlich 9,5% des Körpergewichtes. Durch die Sektion wurde die thyreogene Natur der Fettsucht erwiesen. In 3 Fällen (2, 4, 10) wurden die Wägungen bis zu einem halben Jahr nach Abschluß der Behandlung fortgesetzt und festgestellt, daß die Wirkung nicht nur anhielt, sondern sich sogar vertiefte. Es kam so zu Erfolgszahlen von 10,5 bzw. 10,7 bzw. 9,3%. Die Behandlung ist also nicht nur als reine Substitutionstherapie aufzufasssen, sondern scheint einen länger dauernden stoffwechselsteigernden Reiz auszuüben. Ob dieser Reiz auf die Thyreoidea selbst wirkt oder auf Erfolgsorgane der Schilddrüse und welche als solche zu gelten haben, läßt sich nicht mit Sicherheit feststellen. Die Schwankungen an Puls, Temperatur und Atmung hielten sich in allen Fällen in den physiologischen Grenzen. Lokale Reizerscheinungen an der Injektionsstelle traten nicht auf. Es wurde weder eine ausgesprochene Tachykardie noch eine besonders gesteigerte Diurese beobachtet.

Zur peroralen Behandlung mit Elityran kam etwa die gleiche Anzahl Hunde. Die Kur wurde an Hand der Kontrolltabelle für den Elityrangebrauch durchgeführt, die Gewichtsfeststellungen erfolgten wöchentlich; die übrigen Versuchsbedingungen waren die gleichen wie bei parenteraler Einverleibung.

Fälle.

1. Tgb.-Nr. 1724. Langhaariger Dachshund, männlich, schwarzbraun, 5 Jahre. Adipositas. Der Hund wurde anschließend an eine parenterale Elityranbehandlung in Versuch genommen. — Gewicht 15050 g. Es wurde in steigenden und fallenden Dosen zweimal je 3 Wochen lang von $1/_2$—2 Tabletten alle 2 Tage gegeben und anschließend 6 Wochen lang abwechselnd 2 und 1 Tablette jeden zweiten Tag, insgesamt 580 MSE. Gewichtsverlust 550 g = 3,6%. Ungefähr in der elften Woche der Behandlung bekam das vorher glänzende und glatte Haarkleid ein stumpfes Aussehen und fühlte sich rauh an. Nachdem mit weiteren Elityrangaben aufgehört worden war, verlor sich diese Erscheinung wieder. Es geht daraus hervor, daß der Körper auf das zugeführte Schilddrüsenhormon wohl reagierte, wenn auch zu diesem Zeitpunkt nicht mehr im Sinne einer Gewichtsabnahme. Da keine weitere Besserung mehr eintrat, wurde das Tier ein Vierteljahr später getötet. Bei der Sektion zeigte sich eine weitgehende Hypoplasie der Schilddrüse.

2. Tgb.-Nr. 2592. Kurzhaariger Dachshund, weiblich, schwarzbraun, 10 Jahre. — Adipositas. — Gewicht 12520 g. Vom 13. 2. bis 25. 3. 36 in steigenden und fallenden Dosen von 1—5 Tabletten insgesamt 71 Tabletten = 710 MSE. Gewichtsabnahme 820 g = 6,5%. Die Wägungen wurden noch 4 Wochen fortgesetzt und ein weiteres Absinken festgestellt. Gesamtgewichtsverlust 1270 g = 10,1%. Allgemeinbefinden nicht wesentlich beeinflußt.

3. Tgb.-Nr. 913. Zwergpinscher, weiblich, gelbbraun, 8 Jahre. Adipositas, Röcheln. — Gewicht 7900 g. Vom 3. 3. bis 17. 3. 36 in steigenden Dosen von 1—3 Tabletten täglich, insgesamt 26 Tabletten = 260 MSE. Gewichtsverlust: 900 g = 11,1%. Die Kur wurde abgebrochen, da nach Angabe des Besitzers nach der Verabreichung der Tabletten sehr viel Durst und unangenehm häufiger Harnabsatz auftrat. Die Harnuntersuchung ergab lediglich eine starke Albuminurie. Die Wirkung vertiefte sich in diesem Fall nach Abschluß der Behandlung nicht mehr, sondern es erfolgte ein Gewichtsanstieg, der bereits nach 8 Tagen 70 g betrug und nach 6 Wochen 400 g ausmachte.

4. Tgb.-Nr. 468. Langhaariger Dachshund, weiblich, rot, 6 Jahre. Adipositas, Struma, Dyspnoe. — Gewicht 8900 g. Beginn 26. 5. 36. Dauer der Kur 30 Tage, täglich 1 Tablette, insgesamt 300 MSE. Gewichtsverlust 800 g = 8,9%. Nach 14 Tagen weiterer Verlust von 200 g, nach einer weiteren Woche wieder Anstieg auf 8250 g, nach 4 Wochen auf 8400 g. Der höchste Gewichtsverlust betrug also 14 Tage nach Beendigung der Kur 11,3%. Das Allgemeinbefinden war weitgehend gebessert, der Hund viel beweglicher und lebhafter.

5. Tgb.-Nr. 272. Französische Bulldogge, weiblich, gestromt, 11 Jahre. Adipositas. — Gewicht 16250 g. Behandlungsdauer vom 2. 5. bis 4. 6. 36. In der

ersten Woche 1 Tablette, dann 2 Tabletten täglich, insgesamt 610 MSE. Gewichtsverlust 1500 g = 9,2%. Allgemeinbefinden unverändert

6. Tgb.-Nr. 525. Langhaariger Dachshund, männlich, rot, 7 Jahre. Adipositas. — Gewicht 12250 g. Behandlungsdauer vom 2. 6. bis 18. 7. 36; täglich 1 Tablette, insgesamt 460 MSE. Gewichtsverlust 2050 g = 16,7%. Allgemeinbefinden wesentlich gebessert, Hund bedeutend frischer und beweglicher; die Wirkung soll nach Angabe des Besitzers sofort nach Verabreichung der Tabletten eingetreten sein.

7. Tgb.-Nr. 1033. Kurzhaariger Dachshund, weiblich, rotbraun, 4 Jahre. Adipositas. — Gewicht 7300 g. Behandlungsbeginn am 10. 7. 36, Dauer 30 Tage. Täglich 1 Tablette, insgesamt 300 MSE. Gewichtsverlust 500 g = 6,8%. Allgemeinbefinden unverändert.

8. Tgb.-Nr. 697. Deutscher Schäferhund, männlich, grau, 10 Jahre. Adipositas, Struma. — Gewicht 34000 g. Behandlungsdauer vom 17. 6. bis 8. 7. 36. Täglich 2 Tabletten, insgesamt 400 MSE. Gewichtsverlust 3000 g = 8,8%. Die Pulsarrhythmie wurde im Verlaufe der Behandlung wesentlich deutlicher, die Pulsfrequenz erhöhte sich trotzdem von 104 auf 150 pro Minute.

9. Tgb.-Nr. 2164. Rauhhaariger Dachshund, männlich, gelbbraun, 8 Jahre. Adipositas, Struma. — Gewicht 13150 g. Behandlungsbeginn 27. 11. 35, Dauer 4 Wochen. In von Woche zu Woche steigenden und fallenden Dosen von 1 bis 3 Tabletten täglich, insgesamt 650 MSE. Gewichtsverlust 2000 g = 15,2%. Im Verlauf der folgenden 4 Monate erfolgte eine weitere Abnahme von 460 g, so daß der Gesamtgewichtsverlust 18,7% betrug. Der Hund konnte vor der Behandlung wegen Fettleibigkeit und Trägheit nicht mehr laufen. Bereits nach 4 Tagen wurde er munterer. Die Elityranwirkung hatte noch angehalten, als $^1/_2$ Jahr nach Beendigung der Behandlung die letzte Untersuchung vorgenommen wurde.

10. Tgb.-Nr. 2165. Rauhhaariger Dachshund, weiblich, gelbbraun, 8 Jahre. Adipositas, Struma. — Gewicht 8900 g. Beginn der Behandlung 27. 11. 35, Dauer 3 Wochen, in wöchentlich steigenden und fallenden Dosen von 1—2 Tabletten täglich, insgesamt 280 MSE. Gewichtsverlust 1180 g = 13,2%. Nach Schluß der Behandlung erfolgte wieder leichter Anstieg, so daß das Gewicht 4 Monate später 7890 g betrug. Allgemeinbefinden wesentlich gebessert, der Hund war beweglicher und nicht so schwerfällig.

In 2 Fällen befriedigte die Elityrantherapie nicht. Da eine pluriglanduläre Ursache der Adipositas vermutet wurde, wurde die Schilddrüsentherapie kombiniert mit der Zufuhr von Hypophysenhormon.

11. Tgb.-Nr. 924. Airedale Terrier, männlich, schwarzrot, 1$^3/_4$ Jahre. Seit 6 Wochen zunehmende Adipositas. Insuffizienz der Bicuspitalis im Anschluß an Staupe, keinerlei geschlechtliches Interesse, Mutter sehr dick, ein Wurfbruder zeigt ebenfalls deutliche Anlagen zur Fettsucht. Gewicht 36500 g. Vom 17. 2. bis 20. 3. 36 in steigenden und fallenden Dosen von 1—6 Tabletten täglich, insgesamt 109 Tabletten = 1090 MSE. Gewichtsverlust 1400 g = 3,8%. Eine Woche nach Abschluß der Behandlung war eine Gewichtszunahme von 2 kg erfolgt. Daraufhin wurde nach dem ersten Behandlungsplan die Therapie wieder aufgenommen, jedoch nicht nur ohne Erfolg, es war vielmehr eine deutliche Gewichtszunahme zu verzeichnen. Da nach dem Benehmen des Tieres die Möglichkeit einer kausalen Beteiligung der Keimdrüsen nahelag, wurde in fünftägigen Abständen in drei subcutanen Injektionen insgesamt 250 RE. Prolan gegeben, unter Fortsetzung der Elityranbehandlung. Nach zweiwöchiger Behandlung war das Gewicht des Hundes um weitere 2650 g gestiegen. Die kombinierte Therapie wurde deshalb als aussichtslos aufgegeben.

12. Tgb.-Nr. 2735. Westhighlandterrier, weiblich, weiß, 4 Jahre. Adipositas, seltene und unregelmäßige Läufigkeit, Gewicht 11350 g. Vom 7. 2. bis 28. 2. 36

in steigenden und fallenden Dosen von 1—4 Tabletten täglich, insgesamt 44 Tabletten = 440 MSE. Gewichtsminderung 150 g = 1,3%. In Anbetracht des unregelmäßigen Sexualzyklus wurde eine Beteiligung der Keimdrüsen angenommen und deshalb die Therapie mit „Invenol", einem Hypophysenvorderlappen-Schilddrüsenkombinationspräparat (I.G. Farben) fortgesetzt. Es wurde täglich 1 Dragée gegeben, nach Angaben der Besitzerin onanierte die Hündin daraufhin. Da nach 14 Tagen keine Gewichtsabnahme, sondern eine Steigerung um 150 g eingetreten war, wurde die Therapie als aussichtslos aufgegeben.

Durch die perorale Verabreichung wurde in jedem Fall eine Verminderung des Gewichtes bewirkt, die im Fall 4 bereits nach 14tägiger Behandlung 11,1% des Körpergewichtes ausmachte. Diese starke Abnahme ist auf den Flüssigkeitsverlust infolge gesteigerter Diurese zurückzuführen. In Fall 6 wurde mit der verhältnismäßig geringen Menge von 160 MSE. in 6 Wochen, das entspricht einer täglichen Verabreichung von einer Tablette, ein Gewichtsverlust von 16,7% erreicht. Im Fall 9 betrug die Gewichtsminderung nach vierwöchiger Behandlung 15,2%, dann erfolgte ohne Fortsetzung der Behandlung eine weitere Minderung um 460 g, so daß die Gesamtgewichtsminderung insgesamt 18,7% betrug. Diese Abnahme von fast $2^1/_2$ kg kann meines Erachtens einem Dachshund von gut 13 kg Gewicht als Maximum zugemutet werden. In 5 Fällen wurden die Wägungen noch einige Wochen hindurch, bis zu einem halben Jahr nach Beendigung der Kur, fortgesetzt und zweimal (Fall 2 und 9) eine Vertiefung der Wirkung, zweimal jedoch (Fall 4 und 10) eine geringgradige rückläufige Bewegung der Gewichtskurve festgestellt. Einmal erfolgte ein Gewichtsanstieg, nachdem sich die Wirkung 14 Tage nach Beendigung der Kur noch gesteigert hatte. In Fall 1 wurde durch die vorausgegangene parenterale Elityrankur bereits eine Gewichtsabnahme von 9,5% erzielt, so daß die geringe Minderung von 3,6% erklärlich erscheint. Die Sektion ergab jedoch starke Fettablagerung auch in den Organen sowie unzweifelhaft thyreogene Ursache der Fettsucht. Durch Hypofunktion der Schilddrüse verursachte Ausfallserscheinungen ließen sich also nur bis zu einem gewissen Grad durch perorale Zufuhr von Elityran ausgleichen.

Eine ausgesprochen diuretische Wirkung wurde nur in Fall 3 beobachtet.

Die beiden Fälle, in denen die Schilddrüsentherapie mit der Zufuhr von Hypophysenvorderlappenhormon kombiniert wurde, lieferten ein negatives Ergebnis. Es wurde einmal der gonadotrope Wirkstoff des Hypophysenvorderlappens, das Prolan, gewählt und das zweite Mal ein fertiges Kombinationspräparat aus Schilddrüse und dem gesamten Hypophysenvorderlappen, das Invenol. Beide Male erfolgte sogar ein leichter Gewichtsanstieg. Diese Gewichtszunahme nach HVH.-Zufuhr konnte ich auch schon im Verlauf anderer Versuche beobachten. *Schäfer*[20] machte dieselbe Beobachtung und prüfte das Ergebnis mit teilweisem Erfolg im Rattenversuch nach. Andererseits wird von *Henius*[12] u. a.

über Erfolge besonders bei pluriglandulärer Fettsucht mit hypophysärem Einschlag berichtet. Jedenfalls kann diese Frage erst durch eine Reihe weiterer Beobachtungen einer Klärung nähergeführt werden.

Hunde mit normal gutem Ernährungszustand.

Bei 5 Hunden, deren Ernährungszustand gut war, ohne daß besonderer Fettansatz vorlag, wurde Elityran angewendet, um festzustellen, ob bei längerer Verabreichung eine Verminderung der Körpersubstanz eintrat, oder ob sich die Elityranwirkung auf den vermehrten Fettabbau beschränke. Die Verabreichung erfolgte per os, subcutan und intramuskulär.

Fälle.

1. Tgb.-Nr. 659. Zwergspitz, männlich, weiß, 7 Jahre alt. Guter Ernährungszustand, Gewicht 6500 g. Vom 17. 6. bis 9. 8. 35 in steigenden und fallenden Dosen 18 subcutane Injektionen von 0,2—0,7 ccm, insgesamt 34,8 MSE. Gewichtsabnahme 250 g = 3,8 %. Bis zur 11. Injektion verlief die Gewichtsabnahme, die alle 2—3 Tage kontrolliert wurde, kontinuierlich. Von da ab traten Schwankungen ein, es wechselte Zu- und Abnahme unregelmäßig ab. Allgemeinbefinden gut.

2. Hund Kascha. Schottischer Terrier, weiblich, schwarz, 3 Jahre alt. Guter Ernährungszustand, Gewicht 7100 g. Vom 12. 12. 35 bis 6. 3. 36 zwölf subcutane Injektionen von je 0,5 ccm, insgesamt 24 MSE. Gewicht am Ende des Versuches 7250 g. Das niedrigste Gewicht wurde nach der 5. Injektion mit 6900 g, das entspricht einer Minderung von 2,8 %, festgestellt. In der folgenden Beobachtungszeit von 4 Wochen stieg das Gewicht auf 7800 g.

3. Hund Wastl. Kurzhaariger Dachshund, männlich, braun, 2 Jahre alt. Guter Ernährungszustand. Gewicht 7570 g. Vom 24. 2. bis 17. 3. 36 in steigenden und fallenden Dosen von 0,5—1,5 ccm 12 i.m. Injektionen, insgesamt 44 MSE. Gewichtsminderung 150 g = 1,9 %. Der größte Gewichtsverlust war nach der 4. Injektion eingetreten mit 370 g = 4,8 %. Acht Tage nach Beendigung des Versuches war das Anfangsgewicht bereits wieder überschritten.

4. Tgb.-Nr. 2677. Wachtelhund, weiblich, braungrau, 3 Jahre alt. Guter Ernährungszustand, Gewicht 13350 g. Vom 6. 2. bis 20. 2. 36 in steigenden Dosen von 1—2 Tabletten, insgesamt 21 Tabletten = 210 MSE. Kein Gewichtsverlust. Innerhalb von 14 Tagen nach Behandlungsschluß geringfügige Gewichtsschwankungen mit der Tendenz nach oben.

5. Tgb.-Nr. 3005. Kurzhaariger Dachshund, weiblich, schwarzbraun, $4^1/_2$ Jahre alt. Guter Ernährungszustand. Gewicht 6950 g. Vom 12. 3. bis 5. 4. 36 steigend und fallend 1—3 Tabletten, insgesamt 40 Tabletten = 400 MSE. Gewichtsverlust 300 g = 4,3 %.

Die 3 ersten Fälle haben gemeinsam, daß ein regelmäßiger Gewichtsabfall während der ersten Injektionen eintrat, während im späteren Verlauf des Versuches Schwankungen und sogar zum Teil Gewichtsanstieg zu verzeichnen war. Anscheinend war die Wirkung gut bis die überflüssigen Fettdepots abgebaut waren. Eine weitere Gewichtsverminderung, die nur auf Kosten der Körpersubstanz möglich gewesen wäre, trat nicht mehr ein. Fall 4 war gänzlich negativ, und Fall 5 verlief wie ein Fall von Fettsucht, obwohl klinisch von einer solchen nicht zu sprechen war.

Zusammenfassung.

Nach den Einzelbesprechungen, die 22 Fälle von Adipositas des Hundes umfassen, wurde mit Elityran in den meisten Fällen eine gute fettvermindernde Wirkung erzielt. Bei *parenteraler* Einverleibung wurden kleinere Dosen in öfterer Folge gegeben, große Mengen wurden nicht verwendet; mittlere Dosen hatten keine bessere Wirkung als kleine. Es wurde meist steigend und fallend von 0,2—0,5 ccm gegeben, insgesamt von 4,0—45,2 MSE. Die Gewichtsabnahme setzte sogleich mit Beginn der Injektion ein und verlief manchmal mit einigen Schwankungen, jedoch stets in gleichbleibender Tendenz. Als Beispiel sei Fall 4 (Tgb-Nr. 293) angeführt, der zwar nicht den größten Gewichtsverlust aufweist, dessen Gewichtskurve jedoch typisch und infolge der langen Behandlungsdauer besonders anschaulich ist.

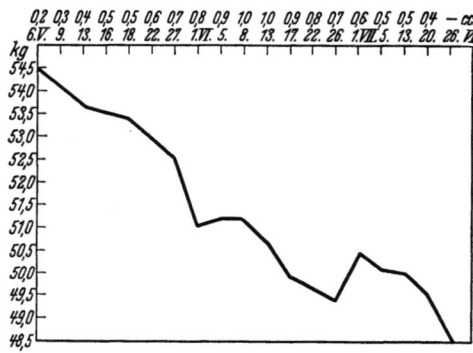

Abb. 1. Gewichtskurve eines Schäferhundes (Kap. 3, Fall 4) bei subcutaner Verabreichung sehr kleiner Dosen Elityran.

Die Gewichtsminderung ist in den einzelnen Fällen ausschließlich auf die Elityrangaben zurückzuführen, da in keinem Fall erst zu Beginn der Kur auch mit einer strengen Diät begonnen wurde, sondern stets schon einige Zeit vorher, oder überhaupt auf unterstützende Diät verzichtet und nur darauf geachtet wurde, daß nicht dem gesteigerten Appetit entsprechend mehr Futter gereicht wurde. Bei einer gleichzeitig beginnenden Diät- und Elityrankur wären die Erfolgszahlen zweifellos viel höher geworden. Großer Wert wurde jedoch darauf gelegt, daß die gewohnte tägliche Bewegung nicht verkürzt wurde. Einige Fälle konnten noch längere Zeit bis zu einem halben Jahr genau verfolgt werden, es zeigte sich dabei, daß die Wirkung der Therapie noch längere Zeit andauerte, so daß nicht nur der niedrigere Gewichtsstand gewahrt wurde, sondern sogar ein weiterer Abfall eintrat. Der größte Gewichtsverlust nach Beendigung der Behandlung betrug 9,5%, der größte im Verlauf der Beobachtungszeit 10,7% des anfänglichen Körpergewichtes. Schädigende Begleiterscheinungen lokaler oder allgemeiner Natur wurden in keinem Fall beobachtet. In einem Fall konnte durch Sektion und histologischen Befund die thyreogene Ursache der Fettsucht eindeutig festgestellt werden (Abb. 2).

Durch die parenterale Einverleibung des Elityran läßt sich auch in geringen Dosen eine befriedigende Abnahme des Gewichtes erreichen.

Für die Praxis steht jedoch hindernd im Wege, daß häufige Injektionen in kurzen Zeitabständen nötig sind.

In 10 Fällen wurde Elityran *peroral* verabreicht. Es wurde zum Teil in steigenden und fallenden Dosen gegeben, teilweise jedoch auch für die ganze Dauer der Kur die gleiche Menge täglich. Durchschnittlich dauerte

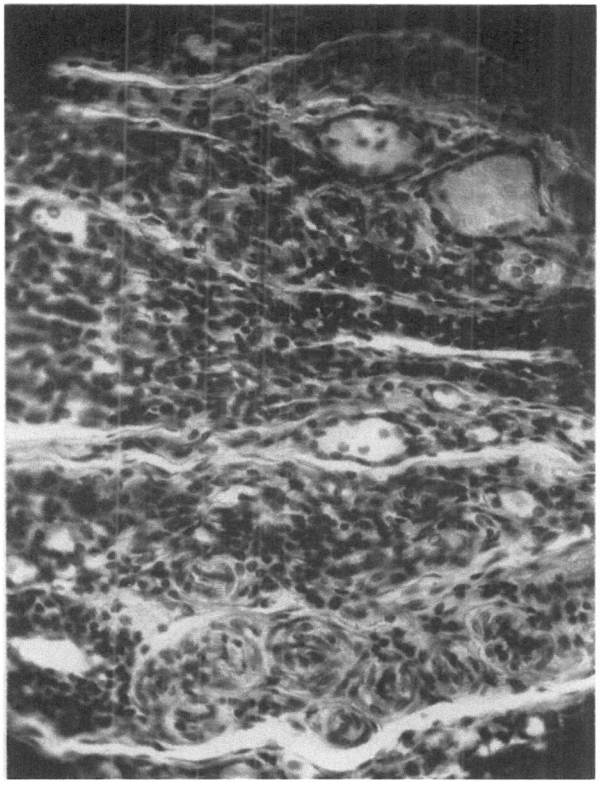

Abb. 2. Hund Tgb.-Nr. 132 (Path. 761). Der Schnitt durch die stark verkleinerte Schilddrüse: vereinzelte Drüsenalveolen nachweisbar, in denen Kolloid enthalten ist. Starke Atrophie mit Verkleinerung der Drüsenalveolen, die fast alle kolloidlos sind. Interacinöses Bindegewebe fast überall stark vermehrt; Gefäße deutlich, ihre Wand stellenweise stark verdickt. Im interacinösen Bindegewebe stellenweise perivasculäre Ansammlungen von Entzündungszellen; an anderen Stellen strangförmige Zellwucherungen, die aus epithelialen Elementen zusammengesetzt sind.

eine perorale Behandlung länger als eine parenterale; es mag dies mit der Grund dafür sein, daß die Enderfolge bei der peroralen Behandlung besser waren. Die tägliche Dosis betrug 1—6 Tabletten, je nach Größe des Hundes, die Dauer meist 4 Wochen, so daß die insgesamt gegebene Menge zwischen 260 und 710 MSE. lag. Die Gewichtsabnahme verlief ähnlich wie bei der parenteralen Einverleibung; der höchste Gewichtsverlust betrug nach Beendigung der Kur 16,7%, der größte im Verlauf der Beobachtungszeit 18,7% des anfänglichen Körpergewichts. In Fall 1 ergaben Sektion und histologische Untersuchung Funktionsuntüchtigkeit der Schilddrüse.

Die perorale Behandlung der Fettsucht mit Elityran bringt in der überwiegenden Mehrzahl der Fälle sehr gute Ergebnisse. Wichtig ist, daß die Verabreichung der Tabletten regelmäßig erfolgt, einem erhöhten Hungergefühl des Tieres nicht nachgegeben und die tägliche Bewegung nicht verkürzt wird. Elityran wirkt auch in Fällen von Adipositas, in denen kein Anhaltspunkt für eine ursächliche Beteiligung der Thyreoida vorliegt. In einigen Fällen konnten Tiere, die sich fast nicht mehr bewegen konnten, wieder soweit hergestellt werden, daß sie auch weite Spaziergänge machen konnten. Eine regelmäßige Kontrolle der Herztätigkeit ist notwendig, wenn auch nur in einem Fall Tachykardie beobachtet wurde.

Bei Hunden mit *gutem Ernährungszustand*, jedoch ohne ausgesprochene Adipositas, wurden parenteral bis 44 MSE., peroral bis 400 MSE. gegeben, ohne daß die Gewichtsabnahme 4,3% nach Beendigung der Behandlung überstieg. Typisch war für die Mehrzahl der Fälle, daß nach anfänglicher Gewichtsabnahme rasch ein Anstieg erfolgte, so daß trotz Fortsetzung der Kur letzten Endes eine Gewichtszunahme zu verzeichnen war.

4. Die Behandlung der Dyspnoe bei Adipositas.

Eine häufige Begleiterscheinung der Fettsucht ist eine Atembeschwerde, die von mäßiger Kurzatmigkeit sich bei besonderen Anlässen bis zur ausgesprochenen Dyspnoe schon im Stand der Ruhe steigern kann. Besonders bei langhaarigen Hunden und bei erhöhter Außentemperatur kann eine körperliche Anstrengung oder psychische Erregung zu lebenbedrohenden Erstickungsanfällen führen. Die bei universeller Adipositas auftretende Verfettung des Herzens und der übrigen Organe bringt an sich schon eine geringere Leistungsfähigkeit mit sich. Außerdem zeigen fettsüchtige Hunde nach *Jakob*[17] mitunter eine gewisse Prädisposition zu Bronchitiden, die weitere Komplikationen zeitigen können. Kropfige Entartung der Schilddrüse, die vermöge ihrer Größe bereits bei mageren Tieren zur Stenosierung der Trachea führen kann, ist bei fettsüchtigen Hunden ein doppelt wichtiges Gefahrenmoment. Im Schrifttum sind keine Belege zu finden für eine Schilddrüsentherapie bei Atemstörungen. Lediglich *Vermeulen*[33] empfiehlt sie bei Kehlkopfpfeifen des Pferdes. Ob damit weitere Erfolge erzielt wurden, läßt sich aus der Literatur nicht ersehen; *Jakob*[18] gibt jedoch an, daß sich diese Therapie nicht durchsetzen konnte.

Bei einer Anzahl der untersuchten und behandelten Adipositasfälle wurden verschiedengradige Dyspnoefälle festgestellt und darauf geachtet, ob und wie dieses Symptom durch die Elityranbehandlung beeinflußt wurde. In den 10 zu besprechenden Fällen erfolgte die Elityranzufuhr stets durch subcutane Injektionen.

Fälle.

1. Tgb.-Nr. 3183. Schnauzer, männlich, grau, 12 Jahre alt. Atemnot, Adipositas. Vom 21. 1. bis 4. 2. 35 in dreitägigen Abständen je 4 MSE. subcutan. Die Atemnot war bereits nach 2 Injektionen gebessert und nach 5 Injektionen verschwunden. Sieben Wochen nach Abschluß der Behandlung wurde der Hund zum letzten Male vorgestellt, Rezidive waren nicht eingetreten. Am Tage nach der ersten Injektion soll sich eine vorübergehende aber deutliche Besserung gezeigt haben.

2. Tgb.-Nr. 3376. Brüsseler Griffon, weiblich, gelb, $7^1/_2$ Jahre alt. Atemnot, Adipositas. Vom 15. 2. bis 20. 3. 35 sieben subcutane Injektionen zu insgesamt 20,8 MSE. Während der Behandlung trat Bronchitis auf, die mit Expektorantien behandelt wurde. Bei kühlem Wetter wurde eine Besserung der Atembeschwerden beobachtet. Die Behandlung war erfolglos.

3. Tgb.-Nr. 3409. Kurzhaariger Dachshund, männlich, schwarzbraun, 8 Jahre alt. — Adipositas, Atemnot. Beginn der Behandlung am 19. 2. 35. Bereits nach einer Injektion von 4 MSE. trat Besserung ein, der Hund, der bis jetzt jede Anstrengung gescheut hatte, machte wieder gerne Spaziergänge. Nach zwei weiteren Injektionen von 4 und 2 MSE. am 22. 2. und 26. 2. 36 waren keinerlei Beschwerden mehr vorhanden. In diesem Fall, es handelte sich um den Hund eines Gastwirtes, wurde keinerlei Diät eingehalten, eine Gewichtsabnahme war nach dem Augenschein ebenfalls nicht eingetreten. Bei der letzten Untersuchung einen Monat nach Abschluß der Behandlung war der Hund in unverändert gutem Gesundheitszustand.

4. Tgb.-Nr. 3430. Zwergpinscher, weiblich, schwarzgelb, 13 Jahre alt. — Dyspnoe mit Röcheln, Struma, Adipositas. Vom 21. 2. bis 16. 3. 35 sechs subcutane Injektionen von insgesamt 8 MSE. Bei trockenem Wetter trat Besserung ein, bei feuchter Witterung war jedoch das Röcheln wieder zu hören. Die Behandlung ist als fast erfolglos zu bezeichnen.

5. Tgb.-Nr. 3537. Sealyham Terrier, weiblich, weiß mit braunen Abz., 10 Jahre alt. — Adipositas, Dyspnoe. Am 5. 3., 8. 3., 12. 3. 35 insgesamt 4 MSE. Keine Verminderung der Fettsucht, jedoch Besserung der Atmung.

6. Tgb.-Nr. 1724. Langhaariger Dachshund, männlich, schwarzbraun, 5 Jahre alt. — Adipositas, Dyspnoe. Vom 29. 3. bis 29. 4. 35 elf subcutane Injektionen, insgesamt 18 MSE. Die Besserung der Dyspnoe verläuft gleichsinnig mit der Minderung der Adipositas.

7. Tgb.-Nr. 17. Kurzhaariger Dachshund, weiblich, schwarzbraun, 8 Jahre alt. — Dyspnoe mit Röcheln, Adipositas, Struma. Bereits nach der 1. Injektion von 0,9 MSE. am 3. 4. 35 glaubte der Besitzer eine leichte Besserung feststellen zu können. Deutlich gebessert war der Patient nach 5 Injektionen von insgesamt 4,8 MSE. Die Atemnot war vermindert, das Röcheln wurde jedoch immer noch gehört.

8. Tgb.-Nr. 293. Deutscher Schäferhund, männlich, grau, $4^1/_2$ Jahre alt. — Adipositas, Atemnot. Vom 6. 5. bis 17. 6. 35 zwölf Injektionen mit insgesamt 27,2 MSE. Mit zunehmender Gewichtsminderung auch Besserung der Dyspnoe bis zur vollständigen Heilung.

9. Tgb.-Nr. 361. Englischer Schweißhund, weiblich, gelbweiß, etwa 7 Jahre alt. — Atemnot, Adipositas. Bereits nach der 1. Injektion von 1,2 MSE. am 11. 5. 35 weitgehende Besserung der Atemnot.

10. Tgb.-Nr. 367. Zwergspitz, männlich, weiß, 6 Jahre alt. Adipositas, Dyspnoe, Mitralinsuffizienz. Behandlungsbeginn 13. 5. 35. Bereits nach der 1. Injektion von 0,8 MSE. war eine Besserung der Atembeschwerden zu verzeichnen, nach einer weiteren Injektion von 0,8 MSE. konnte der Hund wieder Treppen steigen, die Dyspnoe war verschwunden.

Die in den meisten Fällen eingetretene Besserung bzw. Heilung der Atembeschwerden ist auf zwei verschiedene Wirkungen zurückzuführen. In einem Teil der Fälle erfolgte die Besserung gleichlaufend mit der Gewichtsverminderung; als sekundärer Erfolg der Fettsuchtbehandlung trat also eine günstige Beeinflussung der Dyspnoe ein. In den Fällen, in denen eine Besserung bereits nach einer Injektion und in direktem zeitlichem Zusammenhang eintrat, ist diese Sekundärwirkung auszuschließen, vielmehr ein direkter Einfluß auf die Kreislauforgane anzunehmen. Es ist hier bei den engen Zusammenhängen, die zwischen endokrinen Drüsen und vegetativem Nervensystem bestehen, auf eine nervöse Beeinflussung zu schließen.

(Aus der Medizinischen Tierklinik der Universität München.
Vorstand: Prof. Dr. *J. Nörr*.)

Experimentelle und klinische Untersuchungen über Schilddrüsenhormontherapie beim Hund.

III. Mitteilung.
Weitere Indikationsgebiete für die Behandlung mit Elityran.

Von

Dr. Joseph Witzigmann.

(Eingegangen am 22. Dezember 1936.)

1. Die Behandlung von Hautkrankheiten.

Die klinischen Beobachtungen über den Einfluß der Schilddrüsenfunktion auf die Haut und ihre Bedeckung wurden durch zahlreiche experimentelle Untersuchungen an Säugetieren und Vögeln ergänzt. Besonders charakteristische Veränderungen der Haut, wie Myxödem, Erscheinungen trophischer Natur, Schütterwerden des Haarkleides bei Fettsucht, gelten teilweise als Kardinalsymptome für A- bzw. Hypofunktion der Schilddrüse. Der Wirkungskreis der Thyreoidea ist über diese speziellen Krankheiten hinaus jedoch viel weiter zu stecken. Nach *Tommasi* [32] wirken die endokrinen Drüsen nur teilweise spezifisch durch ihre einzelnen Hormone auf die Haut, meist trägt der Einfluß polyendokrinen Charakter. Die endokrine Wirkung ist entweder eine direkte auf die Haut, oder sie erfolgt durch zentrale oder periphere Reizung des vegetativen Nervensystems. Zwar sind im allgemeinen neuroendokrine Störungen nicht als direkte und ausschließliche Ursache isolierter Dermatosen zu betrachten, die allgemeinen Wirkungen jedoch, zu denen auch die Beeinflussung des Blutkreislaufes, der Capillarpermeabilität und des lokalen elektrolytischen Zustandes zählen, bedingen die Wichtigkeit des neuro-endokrinen Faktors für viele Dermatosen. Die Tatsache, daß die Haut vor allem vom sympathischen System beeinflußt wird und andererseits der Sympathicus in inniger Beziehung zur Schilddrüse steht, ja geradezu als ihr Sekretionsnerv bezeichnet wird, erklärt die Wichtigkeit der Thyreoidalfunktion für die Haut. Als charakteristisch für thyreogen bedingte Alopecie des Hundes bezeichnet *Holmes* [15] stumpfes Haarkleid und verschiedengradige symmetrische Alopecie in den Flanken und am hinteren Teil der Schenkel. *Kirk* (zit. [15]) hat diese Erkrankung besonders bei braunen Hunden beobachtet. Für die Therapie empfehlen *Cormack* [3] und *Holmes* [15] neben der lokalen Behandlung Gaben von Schilddrüsenextrakten. Bei Hautkrankheiten allgemein empfehlen *Jakob* [17] und *Günther* [10] Schilddrüsentherapie.

Eine besondere Stellung unter den Hautkrankheiten nimmt die Acanthosis nigricans ein, da ihre Ätiologie heute noch ungeklärt und ihre Therapie ungewiß und meist nutzlos ist. Für ihre Entstehung gibt es beim Menschen verschiedene Theorien, die jedoch nicht für alle Fälle passen, so daß man versucht ist, diese Hautveränderung als gemeinsamen Ausdruck verschiedenartiger innerer Erkrankungen zu betrachten. Man hat beim Menschen unbestrittene Zusammenhänge mit Tumoren in der Bauchhöhle beobachtet und konnte Wechselbeziehungen zur Carcinomatose nachweisen, da in den meisten Fällen nach operativer Entfernung der malignen Tumoren auch die Hauterscheinungen verschwanden. Diese Vergesellschaftung der Acanthosis nigricans mit Neubildungen ist jedoch nur bei älteren Personen anzutreffen und eine Erkrankung ohne die andere ist durchaus möglich. Für diese Fälle wird von den einen eine Sympathicusstörung angenommen, von anderen eine Entwicklungsstörung, vor allem endokriner Natur. Acanthose im jugendlichen Alter ist nach *Oswald* [27] oft begleitet von Infantilismus, Hypogenitalismus, Hypertrichosis, Pigmentierung und Zahndeformitäten. Außerdem wurde sie bei Fettsucht, Diabetes mellitus und anderen Störungen des endokrinen Systems beobachtet. Die Wucherung von Hautelementen, die zu der Bezeichnung „Akromegalie der Haut" führte, deutet auf eine hypophysäre Störung hin. Die im Zwischenhirn gefundenen Veränderungen beruhen nach *Oswald* [27] sicher nicht auf einem zufälligen Zusammentreffen. Behandlungserfolge wurden nach Thyreoid- wie nach Supraventinotherapie gesehen. Wenn auch therapeutische Erfolge keinen endgültigen Kausalitätsbeweis bilden, so kann man doch gewisse Schlüsse daraus ziehen und diese Tatsachen als Stütze einer Theorie benützen. Schilddrüse und Nebenniere spielen nämlich neben ihrer spezifischen Wirkung auf die Haut auch die Rolle von Multiplikatoren von Sympathicusreizen, so zwar, daß zum Beispiel ein Sympathicusreiz eine vermehrte Adrenalinausschüttung bewirkt und diese wiederum einen verstärkten Sympathicusreiz hervorruft. Ein ähnliches Wechselspiel besteht zwischen der Schilddrüse und diesem Nerven. Über eine hypophysäre Therapie und deren evtl. Erfolg ist nichts bekannt.

In der tierärztlichen Literatur ist verschiedentlich in jüngster Zeit über Erfolg mit hormonaler Therapie bei Acanthosis nigricans berichtet worden. *Fantin* [6] stellte bei einem 2 Jahre alten männlichen Scotchterrier Abnahme der Lebhaftigkeit und Intelligenz und außerdem Hautveränderungen fest, die klinisch und histologisch als Acanthose diagnostiziert wurden. Durch wöchentlich zwei- bis dreimalige Verfütterung frischer Hypophysen, Schilddrüsen und Nebennieren wurde innerhalb eines Monats Besserung des Gesamtzustandes erreicht. Die Hautveränderungen heilten ohne lokale Behandlung vollständig ab. Über Erfolge mit Kombinationspräparaten berichten auch *Lanfranchi* und *Seren* [21, 22]. *Völker* [34] schloß aus den Ergebnissen seiner Blutzuckeruntersuchungen bei acanthotischen Hunden, daß eine vermehrte Insulinproduktion nicht wahrscheinlich ist. Eine ätiologische Beteiligung des Pankreas ist also nicht anzunehmen. Der beim Menschen festgestellte kausale Zusammenhang zwischen malignen Tumoren und Acanthose ist nach *Jakob* [17] auf Grund zahlreicher Sektionsbefunde nicht anzunehmen.

Eigene Beobachtungen bei Hautkrankheiten wurden an 18 hautkranken Hunden gemacht. Bei einem langhaarigen Dachshund (Tgb.-Nr. 1724), der wegen Adipositas einer längeren Kur unterzogen wurde, traten nach einiger Zeit Veränderungen im Haarkleid auf. Das vorher glatte, weiche und glänzende Haar wurde matt, glanzlos und fühlte sich rauh an. Nach Aussetzen der Elityrangaben (1—2 Tabletten alle 2 Tage) verloren sich diese Erscheinungen wieder. Sonstige Erscheinungen, die auf eine Thyreotoxikose hindeuteten, wurden nicht festgestellt. Ein anderer langhaariger Dachshund, der wegen Struma behandelt wurde und täglich eine Tablette erhielt, bekam nach achttägiger Behandlung starken Juckreiz am ganzen Körper. Nach zweitägigem Pausieren mit der Elityranzufuhr hörte der Pruritus wieder auf. Es handelte sich also in beiden Fällen um thyreogen bedingte Störungen, die sich lediglich durch Veränderungen an der Haut bzw. am Haar bemerkbar machten. In einem Falle wurde im Verlauf einer Elityrankur bei einem Foxterrier eine auffällige Beschleunigung des Haarwachstums bemerkt.

Fälle.

1. Versuchshund Kascha. Schottischer Terrier, weiblich, schwarz, 3 Jahre alt. — Eczema crustosum, Acanthosis nigricans. Vom 12. 2. bis 6. 3. 36 zwölf subcutane Injektionen von insgesamt 24 MSE. Nach 3 Injektionen war das Ekzem, ohne daß eine lokale Behandlung vorgenommen war, bedeutend gebessert. Die Schwarzfärbung der Haut an der Innenseite der Schenkel und an der Brust war geringer geworden, die Haut fühlte sich an diesen Stellen dünner und weicher an, die Felderung und Faltenbildung war nicht mehr so ausgeprägt. Nach einer weiteren Injektion war das Ekzem vollkommen abgeheilt. Aus verschiedenen Gründen wurde die Behandlung fortgesetzt. Nach Abschluß der vorgesehenen Injektionsreihe wurde die Haut bedeutend dünner und elastischer gefunden, was besonders beim Einstechen der Injektionsnadeln in Erscheinung trat. Die Farbe der acanthotischen Stellen war zu einer rauchgrauen Trübung abgeblaßt, wie man sie meist im Frühstadium dieser Krankheit sieht. Die vorher kahle Kehlgegend, sowie Flanken und Bauch waren wieder mit Haaren bedeckt. Das Ekzem rezidivierte 2 Monate später, die Acanthosis wurde im Verlaufe der nächsten 3 Monate nicht wieder beobachtet.

2. Tgb.-Nr. 544b. Kurzhaariger Dachshund, weiblich, braun, 2½ Jahre alt. — Acanthosis nigricans. Behandlung mit keratolytischen Salben erfolglos. Vom 16. 6. bis 23. 6. 36 in zweitägigen Abständen 0,5 ccm subcutan, insgesamt 8 MSE. Im Lauf der Behandlung wurde keine Veränderung der Hauterkrankung beobachtet. Am 5. 8., also 6 Wochen nach Schluß der Behandlung, wurde festgestellt, daß die Hautveränderungen verschwunden waren, nachdem sie sich in letzter Zeit langsam gebessert hatten.

3. Tgb.-Nr. 1033. Kurzhaariger Dachshund, weiblich, braun, 4 Jahre alt. — Acanthosis nigricans. Salbenbehandlung mit Salicyl, Resorcin u. ä. erfolglos. Beginn 10. 7. 36, Dauer 30 Tage, täglich 1 Tablette, insgesamt 300 MSE. Der Juckreiz hatte etwas nachgelassen, die Haut erschien an den veränderten Stellen nicht mehr blauschwarz, sondern rauchgrau bis rötlich und war vermehrt warm.

4. (Wastl) Kurzhaariger Dachshund, braun, männlich, 2 Jahre alt. Acanthosis nigricans, abgeheilte Demodikosis. Vom 24. 2. bis 17. 3. 36 in steigenden und fallenden Dosen 12 Injektionen i. m. von insgesamt 44 MSE. Die Hauterkrankung wurde nicht beeinflußt.

5. Tgb.-Nr. 403. Kurzhaariger Dachshund, weiblich, schwarzbraun, 6 Jahre alt. — Acanthosis nigricans, Alopecia areata, Adipositas. Vom 20. 5. bis 8. 6. 36 fünf subcutane Injektionen von insgesamt 16 MSE. Von der 3. Injektion ab fortschreitende Besserung der Alopecie, die Acanthosis blieb unverändert.

6. Tgb.-Nr. 2870. Kurzhaariger Dachshund, weiblich, braun, 5 Jahre alt. — Acanthosis nigricans vor allem an der Unterbrust, Adipositas. Vom 27. 2. bis 6. 3. 36 fünf subcutane Injektionen von insgesamt 16 MSE. Die Hautveränderungen wurden nicht beeinflußt.

7. Tgb.-Nr. 544a. Kurzhaariger Dachshund, männlich, schwarzrot, 1½ Jahre alt. — Acanthosis nigricans. Behandlung mit verschiedenen Salben erfolglos. Vom 16. 6. bis 23. 6. 36 in zweitägigen Abständen je 0,5 ccm subcutan, insgesamt 8 MSE. Die Haut an den acanthotischen Stellen erschien etwas abgeblaßt.

8. Tgb.-Nr. 1156. Deutsche Dogge, dunkel gestromt, männlich, 4 Jahre alt. — Acanthosis nigricans, starker Juckreiz; 3 Wochen erfolglose Salbenbehandlung. Vom 20. 7. bis 13. 8. täglich 1—2 Tabletten, insgesamt 230 MSE. Die Hautveränderungen wurden nicht beeinflußt.

9. Tgb.-Nr. 2970. Deutscher Schäferhund, weiblich, schwarzbraun, 7 Jahre alt. — Haarausfall, Juckreiz, Eczema dorsi, Adipositas, Struma. Vom 7. 1. bis 18. 1. 35 fünf subcutane Injektionen von insgesamt 20 MSE. Juckreiz gebessert.

10. Tgb.-Nr. 3183, Schnauzer, männlich, grau, 12 Jahre alt. Pruritus cutaneus, Adipositas, Dyspnoe. Vom 21. 1. bis 13. 2. 35 sieben subcutane Injektionen von insgesamt 28 MSE. Eine wundgebissene Stelle wurde mit Teersulfodermpuder behandelt. Juckreiz bedeutend gebessert. Ein Rückfall war 6 Wochen später noch nicht eingetreten.

11. Tgb.-Nr. 173. Kurzhaariger Dachshund, männlich, braun, 6 Jahre alt. Haarausfall am Kopf, Eczema crustosum. Insgesamt 20 MSE. subcutan, außerdem Murnil (Vitamin H) und lokale Behandlung. Nach einer Behandlungsdauer von 3 Wochen geheilt.

12. Tgb.-Nr. 2522. Kurzhaariger Dachshund, weiblich, schwarzbraun, 10 Jahre alt. — Alopecia universalis, Adipositas. Vom 13. 2. bis 25. 3. 36 in steigenden und fallenden Dosen täglich 1—5 Tabletten, insgesamt 710 MSE. Alopecie etwas gebessert.

13. Tgb.-Nr. 2108. Schottischer Terrier, männlich, schwarz, 6 Jahre alt. — Haarausfall, Eczema crustosum, Nephritis chronica. 20.12.35. Insgesamt 110 MSE. peroral. Innerlich Murnil, lokale Salbenbehandlung. Nach einer Behandlungsdauer von 3 Wochen gebessert.

14. Tgb.-Nr. 3234. Drahthaariger Foxterrier, männlich, dreifarben, 6 Jahre alt. — Pruritus cutaneus, Ekzema dorsi, Struma. Vom 7. 2. bis 22. 2. 35 vier subcutane Injektionen von insgesamt 16 MSE. Keine Besserung.

15. Tgb.-Nr. 312. Kurzhaariger Dachshund, weiblich, gelb, 9 Jahre alt. Pruritus cutaneus, Erythem am Unterbauch, Adipositas, Nephritis indurativa. Vom 7. 5. bis 20. 5. 35 in steigenden Dosen 5 subcutane Injektionen von insgesamt 6 MSE. Keine Besserung.

16. Tgb.-Nr. 435. Rauhhaariger Dachshund, braun, männlich, 5 Jahre alt. Adipositas, Eczema seborrhoicum, Mitralinsuffizienz, Nephritis chronica. Vom 3. 7. bis 14. 7. 35 täglich in steigenden und fallenden Dosen von 0,3—0,5 ccm insgesamt 12 Injektionen = 22,4 MSE. Außerdem Hexamethylentetramin, Murnil; keine lokale Behandlung. Der Hund, der $^1/_2$ Jahr bereits ohne Erfolg vorbehandelt war, wurde nach 12 Tagen gebessert entlassen.

17. Tgb.-Nr. 353. Schottischer Terrier, männlich, schwarz, 2 Jahre alt. — Pustulöse Demodikosis, Interdigitalfurunkulose. Seit 2 Monaten tierärztlich vorbehandelt, jedoch ohne Erfolg. 10 subcutane Injektionen von insgesamt 28 MSE. Außerdem äußere und Injektionsbehandlung mit Rivanol. Nach 6wöchentlicher Behandlung geheilt.

18. Tgb.-Nr. 558. Schottischer Terrier, weiblich, schwarz, 4 Jahre alt. — Pruritus cutaneus, zeigte noch keine deutliche Brunst. Vom 15. 6. bis 23. 7. 36 täglich 1 Tablette, insgesamt 380 MSE. Kein Erfolg. Weiterbehandlung mit Murnil und Teersulfodermpuder war ebenfalls erfolglos.

Zusammenfassung.

Die Beurteilung der Elityranwirkung bei der Behandlung von Hautkrankheiten ist nicht leicht, da Spontanheilungen, wie auch *Jakob*[19] betont, nicht selten sind. Da Erfolge keineswegs immer eintraten, sind weitere Beobachtungen an verschiedenartigem Material nötig, um ein abschließendes Urteil fällen zu können. Immerhin berechtigen jedoch die Ergebnisse zu dem Schluß, daß eine kombinierte Behandlung mit Elityran bei besonders hartnäckigen Fällen eines Versuches wert ist.

In den 8 Fällen von Acanthosis nigricans wurde immerhin bei ausschließlicher Elityrantherapie zweimal Heilung und einmal Besserung, in einem weiteren Fall Abblassen der Schwarzfärbung erreicht. Da die Ursache dieser Erkrankung noch keineswegs feststeht, und auch, wenn man eine endokrine Genese als sicher annimmt, noch die Möglichkeit der Beteiligung von mehreren Drüsen besteht, ist eine tastende Therapie augenblicklich noch das Gegebene. Zur Klarstellung der ursächlichen Momente ist eine versuchsweise Behandlung mit einzelnen Hormonen einer solchen mit Kombinationspräparaten vorzuziehen. Die Behandlung der Acanthosefälle sei deshalb nur von diesem Gesichtspunkte aus als Versuch gewertet. Es ergibt sich daraus, daß zum mindesten ein Teil dieser Erkrankungsfälle mit der Schilddrüse in ursächlichem Zusammenhang steht.

Von 9 Fällen von Pruritus, Ekzem und Alopecie wurden 6 günstig beeinflußt. Teilweise wurde die Elityrantherapie mit lokaler Behandlung kombiniert, in 3 Fällen außerdem Murnil (Vitamin H) gegeben. Während der Juckreiz nur in einem Fall gebessert wurde, zeigten die Ekzem- und Alopeciefälle eine Verstärkung der Heiltendenz bei subcutaner oder peroraler Zufuhr von Elityran. Bei gleichzeitiger Verwendung verschiedener Behandlungsmethoden ist es jedoch schwer, die Wirkung der einzelnen Mittel auch nur annähernd genau abzugrenzen. In einem Fall (Fall 1, Versuchshund „Kascha"), in dem Acanthose mit Ekzem vergesellschaftet vorlag, war der Erfolg der alleinigen Schilddrüsentherapie augenscheinlich.

In einem Fall von Demodikosis wurde unterstützend Elityran gegeben, der Hund, der 3 Monate lang erfolglos vorbehandelt worden war, wurde in 6 Wochen geheilt. Aus diesem einen Fall lassen sich natürlich keine Folgerungen ableiten. Ich möchte jedoch in diesem Zusammenhang auf eine klinische Erfahrung hinweisen, die eine unterstützende Hormontherapie auch bei Demodikosis rechtfertigen soll. Bei einer auffällig großen Zahl von Acanthosefällen läßt sich aus dem Vorbericht entnehmen, daß der betreffende Hund bereits eine Demodikosis überwunden hatte. Es handelte sich um charakteristische Fälle mit chagrinlederartigen, blauschwarz verfärbten, typisch lokalisierten Hautveränderungen und nicht im Verlauf und als Folge der Demodikosis aufgetretene Pigmentablagerungen. Es ist deshalb denkbar, daß gewisse Fälle von Demodikosis ebenso wie solche von Acanthose auf einer gleichen Änderung des hormonalen Haushaltes und der daraus folgenden Wirkung auf die Haut beruhen.

2. Die Behandlung der Struma.

Unter Kropf versteht man jede Vergrößerung der Schilddrüse, soweit sie nicht infolge physiologischer Vorgänge eintritt oder entzündlichen Charakter hat. Bereits im Normalen ist die Größe der Schilddrüse variabel und wechselt während des

Wachstums, der Brunst und Gravidität. Die Einteilung der *Arten des Kropfes* kann nach morphologischen und nach klinischen Gesichtspunkten erfolgen. Eine Unterscheidung nach Umfang und Lokalisation, ob uni- oder bilateral, partiell oder total würde nur graduelle Verschiedenheiten erfassen und nicht das Wesen der Struma. Morphologisch klassifiziert, spricht man je nach dem Übergewicht der Gewebselemente von einem Drüsen-, Faser-, Cysten- oder Steinkropf. Von Neubildungen kommen vor allem Adenome und Carcinome in Frage. Der prognostischen Bedeutung nach unterscheidet man gutartige und bösartige strumöse Erkrankungen. Für die Bedürfnisse des Klinikers ist eine Einteilung nach biologischen Gesichtspunkten wichtig; die Änderung der Tätigkeit der Schilddrüse und ihre Auswirkung im klinischen Bild liefert hier die charakteristischen Unterscheidungsmerkmale.

Als *Folge des Kropfes* kann normale, gesteigerte oder unterdrückte Schilddrüsentätigkeit bestehen. Auch die Möglichkeit einer Dysfunktion wurde angenommen. Ein Kropf wird ohne klinische Allgemeinerscheinungen nur dann bestehen können, wenn noch genügend Drüsengewebe vorhanden ist, um den Bedarf des Körpers an Wirkstoffen zu decken. Der Kropf bedeutet in diesem Stadium nur einen Schönheitsfehler und ist strenggenommen nicht als Krankheit zu werten. Gesteigerte Tätigkeit mit all ihren Auswirkungen auf Stoffwechsel und Psyche tritt ein bei Hyperplasie der Thyreoidea (Basedow) und bei dem vor allem im jugendlichen Alter auftretenden Drüsenkropf. Die Übergänge von physiologischer zu pathologischer Vergrößerung sind fließend und die Auswirkungen sehr von individuellen Unterschieden abhängig. Eine Unterfunktion tritt ein, wenn größere Teile oder die gesamte Drüse von anderen Gewebselementen ersetzt sind und eine ausgleichende Hypertrophie nicht mehr möglich ist. Es werden sich hier vor allem neben psychischen Störungen die Wirkungen auf Nervensystem und Kreislauf bemerkbar machen (Myxödem).

Die *Ursache des Kropfes* ist noch keineswegs geklärt. Sicher kommt eine ganze Anzahl von Faktoren für die einzelnen Kropfarten in Frage. Familiäres Auftreten, sowie erbliche Veranlagung wurden nachgewiesen. Die kongenital auftretende Kropfkrankheit ist meist begleitet von Lebensschwäche oder Mangelerscheinungen (Haarlosigkeit). Da es besondere Kropfgegenden gibt, in denen diese Erscheinung endemisch und enzootisch auftritt, hat man verschiedene tellurische Einflüsse beschuldigt. Vor allem das Trinkwasser spielt bei diesen Theorien eine große Rolle. Erwiesenermaßen ist dem Jod bzw. dessen Mangel eine bedeutende Rolle bei der Verhütung und Entstehung der Struma zuzumessen. Der unbestrittene Erfolg der Jodsalzverabreichung in der Schweiz und in Österreich, sowie experimentelle Untersuchungen haben dies zur Genüge bewiesen. Inwieweit mechanischen Ursachen, wie Blutstauung durch Druck des Halsbandes oder die auch vermutete Kontaktinfektion eine Rolle spielen, ist noch nicht geklärt.

Für die *Behandlung des Kropfes* kommen chirurgische Eingriffe, äußerliche Behandlung durch Einreibungen und Verabreichung innerlicher Mittel in Frage. Die totale oder partielle Exstirpation des Kropfes stellt zwar die radikalste Behandlung dar, birgt aber gewisse Gefahren. Infolge der eigentümlichen Lage der Epithelkörperchen ist es schwer, sie bei einer gründlichen Operation zu schonen, ihre Mitentfernung jedoch bedingt das Krankheitsbild der Tetanie und damit Siechtum und in Kürze den Tod des Tieres. Eine nur teilweise Entfernung würde meist nicht den gewünschten Erfolg bringen und ist vor allem beim Drüsenkropf deshalb nicht angebracht. Für Neubildungen ist jedoch die Strumektomie der einzige Behandlungsweg. Die am häufigsten geübte Behandlung besteht in dem Auftragen von jodhaltigen Salben und Linimenten. Mit dieser auf der percutanen Jodzufuhr beruhenden Behandlung werden in passenden Fällen meist gute Erfolge erzielt. Zuweilen werden auch intraparenchymatöse Einspritzungen von Jodpräparaten gemacht. Für die innerliche Behandlung werden ebenfalls meist Jodpräparate verwendet, *Jakob*[18] empfiehlt jedoch auch die Verwendung von Glandula thyreoidea sicca und Jodothyrin.

Da das Elityran therapeutisch weitgehende Ähnlichkeit mit der Wirkung der Gesamtdrüse haben soll, lag es nahe, es auch auf diesem Indikationsgebiet zu versuchen. In 14 Fällen von Struma verschiedener Ätiologie wurde diese Therapie angewandt.

Am aussichtsreichsten für die Behandlung erschien der juvenile Kropf, soweit Behandlung nötig ist, der meist eine Hyperplasie der Schilddrüse darstellt und auch durch die Zufuhr von anorganischem Jod günstig beeinflußt wird. Demnach mußte die Behandlung mit einem Präparat, das organisch gebundenes Jod enthält, also die Schilddrüse entlastet, noch mehr Erfolg versprechen. Es kamen 6 Fälle zur Behandlung.

Fälle.

1. Tgb.-Nr. 2146. Kurzhaariger Dachshund, schwarzrot, weiblich, 6 Monate alt. — Struma bilateralis parenchymatosa. Täglich 1 Tablette, 14 Tage lang. Innerhalb von 7 Tagen Verkleinerung der Struma, nach einer weiteren Woche Verstärkung des Erfolges.

2. Tgb.-Nr. 135. Langhaariger Dachshund, rot, männlich, 4 Monate alt. Struma bilateralis parenchymatosa. Täglich 1 Tablette. Innerhalb von 7 Tagen Verkleinerung, nach 8tägiger Pause Fortsetzung der Behandlung, nach insgesamt 300 MSE. war die Struma fast verschwunden. Eine Woche nach Beendigung der Kur war wieder geringgradige Vergrößerung eingetreten.

3. Tgb.-Nr. 457. Spitzbastard grauschwarz, weiblich, 7 Monate. Struma unilateralis parenchymatosa. Täglich 1 Tablette. Nach einer Woche Verkleinerung, nach 14 Tagen Schilddrüse kaum mehr palpierbar. Gesamtdosis 140 MSE. Nach 14tägiger Pause war der Kropf wieder in alter Größe aufgetreten.

4. Tgb.-Nr. 526. Kurzhaariger Dachshund, schwarzgelb, weiblich, 11 Monate alt. — Struma bilateralis parenchymatosa. Innerhalb von 22 Tagen insgesamt 220 MSE., täglich 1 Tablette, Kropf verkleinert, liegt scheinbar etwas tiefer.

5. Tgb.-Nr. 780. Drahthaariger Foxterrier, weißbraun, männlich, 8 Monate alt. — Struma unilateralis parenchymatosa. Innerhalb von 34 Tagen insgesamt 300 MSE. Kropf anfänglich unverändert, erst in der letzten Woche der Behandlung trat sichtbare Verkleinerung ein.

6. Tgb.-Nr. 296. Deutscher Schäferhund, grau, männlich, 5 Monate alt. — Struma bilateralis parenchymatosa. Innerhalb von 8 Tagen in steigenden Dosen insgesamt 20 MSE. subcutan. Nach 5 Tagen geringgradige Verkleinerung. Die Struma blieb fast unverändert.

In 7 Fällen von Struma, die im höheren Alter auftrat, wurde festweiche bis harte Konsistenz festgestellt, so daß teilweise auf Drüsenbzw. Kolloidkropf, teils auf Faserkropf geschlossen wurde.

7. Tgb.-Nr. 3430. Zwergpinscher, schwarzgelb, weiblich, 13 Jahre alt. — Struma, Adipositas, Dyspnoe. Innerhalb von 25 Tagen 6 subcutane Injektionen zu insgesamt 8 MSE. Struma blieb unverändert.

8. Tgb.-Nr. 17. Kurzhaariger Dachshund, schwarzgelb, weiblich, 8 Jahre alt. — Mäßig große Struma, Adipositas, Dyspnoe. Innerhalb von 47 Tagen 11 subcutane Injektionen von insgesamt 11,6 MSE. Geringgradige Verkleinerung der Struma.

9. Tgb.-Nr. 759. Kurzhaariger Dachshund, schwarzgelb, weiblich, 6 Jahre alt. — Struma, Adipositas. Innerhalb von 86 Tagen 13 Injektionen subcutan von insgesamt 28,8 MSE. Struma blieb unverändert.

10. Tgb.-Nr. 468. Langhaariger Dachshund, rot, weiblich, 6 Jahre alt. Struma, Adipositas. Täglich 1 Tablette, insgesamt 300 MSE. Bereits nach einer Woche Verkleinerung, nach 4 Wochen Struma fast verschwunden. Einen Monat nach Beendigung der Kur trat wieder Vergrößerung ein.

11. Tgb.-Nr. 697. Deutscher Schäferhund, grau, männlich, 10 Jahre alt. — Struma, Adipositas. Täglich 2 Tabletten, insgesamt 420 MSE. Struma blieb unverändert.

12. Tgb.-Nr. 2164. Rauhhariger Dachshund, gelbbraun, männlich, 8 Jahre alt. — Struma, Adipositas. Innerhalb von 4 Wochen in steigenden und fallenden Dosen insgesamt 650 MSE. per os. Struma blieb unverändert.

13. Tgb.-Nr. 2165. Rauhhariger Dachshund, gelbbraun, weiblich. 8 Jahre alt. — Struma, Adipositas. Innerhalb von 3 Wochen in steigenden und fallenden Dosen insgesamt 280 MSE. per os. Struma blieb unverändert.

In einem Fall wurde eine bösartige Neubildung der Schilddrüse behandelt.

14. Tgb.-Nr. 762. Kurzhaariger Dachshund, braun, weiblich, $8^{1}/_{2}$ Jahre alt. — Struma carcinomatosa bilateralis, Adipositas. Innerhalb von 8 Tagen bildete sich ein faustgroßer bilateraler Kropf aus. Täglich 2 Tabletten, insgesamt innerhalb von 14 Tagen 280 MSE. Wegen hochgradiger Dyspnoe getötet. Der Sektionsbefund ergab carcinomatöse Entartung der Schilddrüse mit Metastasen in der Lunge.

Von den 6 kropfkranken Hunden im Alter von 4—11 Monaten wurden 5 weitgehend gebessert. In dem 6. Fall dauerte die Behandlung nur 1 Woche mit insgesamt 30 MSE. subcutan, so daß man wegen der Kürze der Behandlungsdauer nicht unbedingt von einem Mißerfolg sprechen kann. Die tägliche Dosis betrug eine Tablette = 10 MSE., die Dauer der Behandlung zwischen 14 und 34 Tagen. Bisweilen war schon nach 1 Woche eine deutliche Verkleinerung festzustellen. In 2 Fällen trat 8 bzw. 14 Tage nach Beendigung der Behandlung wieder Vergrößerung ein, so daß weitere Behandlungen notwendig wurden. Einmal wurde nach 8tägiger Elityranverabreichung starker Juckreiz beobachtet, der nach wenigen Tagen des Aussetzens wieder verschwand. Sonstige unliebsame Begleiterscheinungen traten nicht auf. Das Gewicht wurde auch in diesen Fällen dauernd kontrolliert. Da während der ganzen Behandlungsdauer bei jungen Hunden regelmäßige Gewichtszunahmen festgestellt werden konnten, ist ein schädigender Einfluß auf Wachstum und Entwicklung auszuschließen.

In 7 Fällen bei älteren Tieren wurde nach dem klinischen Befund Drüsen- bzw. Faserkropf angenommen. Die Dosis betrug bei subcutaner Einverleibung zwischen 8 und 28 MSE.; bei peroraler Applikation zwischen 280 und 650 MSE. Die Dauer der Behandlung betrug durchschnittlich 3—4 Wochen, in einem negativ verlaufenden Fall sogar 86 Tage. Nur in 2 Fällen trat eine Beeinflussung des Kropfes ein, einmal wurde deutliche und einmal nur geringgradige Verkleinerung festgestellt.

In einem Fall wurde, obwohl das Vorliegen einer malignen Neubildung vermutet wurde, eine Behandlung eingeleitet. Es trat jedoch innerhalb von wenigen Tagen eine derartige Verschlechterung des Befindens ein, daß das Tier getötet werden mußte. Die Sektion ergab das

Vorliegen eines Carcinoms mit Metastasen in der Lunge, eine Beeinflussung des Allgemeinbefindens oder der Neubildung trat nicht ein.

Bei *zusammenfassender Betrachtung* kann festgestellt werden, daß die Kropfkrankheit junger Hunde, bei der es sich meist um Struma parenchymatosa handelte, durch die Elityranbehandlung fast in allen Fällen günstig beeinflußt wurde. Die Wirkung wird mit Inaktivierung der hypertrophischen Drüse erklärt. Daß nicht zufällige Spontanheilungen eintraten, wird dadurch deutlich, daß in einigen Fällen nach Beendigung der Behandlung wieder eine Vergrößerung der Schilddrüse eintrat. Bei den meisten Kropferkrankungen älterer Tiere handelte es sich um gewebliche Veränderungen im Bereich der Drüse, die durch die Zufuhr von Schilddrüsenhormon nicht beeinflußt werden konnten. Hyperplastische Formen bei älteren Hunden wurden analog den Erfolgen bei Jungtieren ebenfalls gebessert. Die Elityrantherapie der Kropfkrankheit ist wegen ihrer leichteren Anwendung (Applikation, Dosierung) der bisher gebräuchlichen peroralen Jodtherapie vorzuziehen.

In diesem Zusammenhang sei auf das auffällige Rassenverhältnis der kropfkranken Hunde hingewiesen. Von 14 behandelten Tieren waren 9 Dachshunde, während die übrigen 5 verschiedenen Rassen angehörten. Eine Auswahl der Rasse nach bei den zu behandelnden Tieren wurde nicht getroffen. Es macht vielmehr dieser Befund, der durch allgemeine Beobachtungen ergänzt wird, es wahrscheinlich, daß hier eine rassenmäßig bedingte Neigung zur Kropfbildung vorliegt.

3. Die Behandlung von Hydropsie.

Die stoffwechselsteigernde Wirkung der Schilddrüse erstreckt sich auch auf den Wasserhaushalt des Körpers. Unterfunktion führt zu Retention von Flüssigkeit, wie sich dies im klinischen Bild des Myxödems in seiner schwersten pathologischen Form ausdrückt. Umgekehrt macht man auch bei Schilddrüsenüberfunktion (Basedow) die Beobachtung, daß eine vermehrte Wasserabgabe der Fall ist. Zahlreiche experimentelle Untersuchungen erhärten die Beobachtungen. Die Wirkung beruht nach einigen Autoren auf der Beeinflussung der Gewebe durch das Zentralnervensystem über die sympathischen Nerven, denn Hunde, deren sympathisch-nervöse Verbindung zwischen Zentralnervensystem und Organen des Rumpfes unterbrochen war, reagierten nicht im Sinne einer Stoffwechselsteigerung auf Schilddrüsenfütterung. Andere Forscher fanden auch nach Durchschneiden des Halsmarkes noch einen diuretischen Effekt der Schilddrüsenpräparate und schließen daraus auf einen peripheren Angriffspunkt. Außerdem wurde eine allgemein quellende Wirkung auf die Eiweißkörper oder direkter Einfluß auf die Nierengefäße vermutet. Fest steht, daß die Anregung des Flüssigkeitsaustausches der Gewebe und der Blutcapillaren zu starker Aufsaugung aus dem Gewebe und einer entsprechenden Verdünnung des Blutes, zu hydrämischer Diurese führen kann. Die Erfahrung, daß diese Entwässerung des Körpers nach Schilddrüsengaben eintrat, auch wenn andere Diuretica versagt hatten, führte zur therapeutischen Nutzbarmachung.

Den starken Einfluß des Elityran auf die Diurese des Menschen hebt *von Noorden*[26] hervor. *Dehner*[4] konnte bei jugendlichen Diabetikern die starke Wasserretention nach Insulin durch Elityran günstig beeinflussen. Nach *Popper*[28] tritt die entwässernde Wirkung unmittelbar ein. Den raschen Gewichtssturz in manchen Fällen von Entfettungskuren erklärt er in einer energischen Ausschwemmung.

Anläßlich einer Entfettungskur bei einem Pinscher (Kap. 2, Fall 4) machte ich die Beobachtung, daß die Diurese außerordentlich gesteigert wurde und in sehr kurzer Zeit ein beträchtlicher Gewichtsverlust eintrat. Die Gewichtsminderung glich sich indessen teilweise wieder aus, wobei das Tier große Mengen Flüssigkeit aufnahm und vermutlich aufspeicherte. Eine ähnlich stark harntreibende Wirkung hatte ich bei den gebräuchlichen Diuretica noch nicht beobachtet. Die Bekämpfung von Wasseransammlungen in den großen Körperhöhlen mit Elityran erschien deshalb aussichtsreich. Es wurden 5 Fälle von Hydrops ascites behandelt.

Fälle.

1. Tgb.-Nr. 845. Griffonbastard, weiß-schwarz, weiblich, 13 Jahre alt. Atmung angestrengt, Temperatur nicht erhöht. Puls unregelmäßig, 120 in der Minute, Mitralinsuffizienz, deutliche Undulation im Abdomen. Die Flüssigkeitszufuhr wurde beschränkt und in Anbetracht des hohen Alters des Tieres täglich nur 1 Tablette Elityran gegeben. Behandlungsdauer vom 17. 6. bis 2. 7. 36. Nach 14 Tagen hatte sich das Allgemeinbefinden gebessert, der Appetit war mäßig, der Bauch nicht mehr so gefüllt. Undulation war nicht mehr festzustellen. Das Gewicht des Hundes war von 12800 g auf 12000 g gesunken, der Gewichtsverlust betrug also 6,2% und ist auf die Verminderung der Flüssigkeit zurückzuführen.

2. Tgb.-Nr. 663. Kurzhaariger Dachshund, gelb, männlich, 9 Jahre alt. Adipositas, Hydrops ascites. Von einer früheren Parese der Nachhand her hatte der Hund eine Blasenschwäche behalten. Behandlungsdauer vom 15. 6. bis 17. 7. 36. In den ersten beiden Tagen wurde je eine halbe Tablette, dann täglich 1 Tablette gegeben. Innerhalb der ersten 4 Tage wurde eine Steigerung der Diurese beobachtet, das Gewicht fiel von 13620 g auf 13050 g, das entspricht einem Gewichtsverlust von 4,2%. Während der weiteren Behandlung stieg das Gewicht wieder um 300 g und blieb dann auf dieser Höhe. Eine weitere Beeinflussung des Ascites war nicht zu erzielen. Das Tier war jedoch dem Allgemeinbefinden nach gebessert, der Appetit sehr gut.

3. Tgb.-Nr. 338. Deutscher Schäferhund, braungrau, männlich, 10 Jahre alt. — Der Hund stand schon längere Zeit wegen Ascites in Behandlung. Nephrocirrhose, an der rechten Flanke ein Hautgangrän. Lokale Behandlung des Hautdefektes mit Antipiolsalbe. Behandlung vom 16. 6. bis 9. 7. 36. In der ersten Woche täglich eine, dann täglich 2 Tabletten. Nach Abschluß der Behandlung konnte noch geringgradige Undulation im Abdomen festgestellt werden. Das Allgemeinbefinden war jedoch wesentlich gebessert, der Hund konnte wieder seinen Dienst als Blindenführer versehen. Bei der Nachuntersuchung nach 2 und 6 Wochen war der Zustand unverändert gut.

4. Tgb.-Nr. 629. Deutscher Schäferhund, gelbgrau, weiblich, 9 Jahre alt. — Nephritis interstitialis chronica, Hydrops ascites. Behandlung vom 12. bis 19. 6. 36. In zweitägigen Abständen wurden 0,5—1,0 und 1,0 ccm = insgesamt 10 MSE. Elityran subcutan gegeben. Bereits nach der ersten Injektion wurde der Harnabsatz häufiger, die Diurese offensichtlich verstärkt. Der Hund wurde lebhafter, die Verminderung des Bauchumfanges konnte bereits durch Augenschein festgestellt werden. Nach der zweiten Injektion weitere Verminderung des Bauchumfanges. Wiederkehr der früheren Munterkeit und Spielfreudigkeit. Nach der 3. Behandlung konnte keine Undulation mehr festgestellt werden.

5. Tgb.-Nr. 626. Kurzhaariger Dachshund, schwarzrot, männlich, 9 Jahre alt. — Ascites, Vitium cordis. Innerhalb von 6 Tagen war starkes Durstgefühl bei unvermindertem Appetit, Atembeschwerde und zunehmende Auftreibung des

Bauches aufgetreten. Kein Fieber, im Harn Eiweiß in Spuren, Probe auf Gallenfarbstoffe stark positiv. Eine klinisch festgestellte ungefähr alle 3 Min. auftretende Pulsanomalie wurde durch das Ekg. als Extrasystole festgestellt. Behandlungsbeginn 12. 8. 36. Gewicht 7400 g. Am ersten Tag 0,5 ccm subcutan, am 2., 3. und 4. Tag je 1 ccm subcutan, insgesamt 3,5 ccm = 28 MSE. Das Gewicht stieg bis zum 3. Tag an, um dann auf 7450 g abzusinken. Am 5. Tag erfolgte Exitus letals.

Eine Behandlung der Bauchwassersucht wurde in 4 geringgradigen und 1 schweren Fall durchgeführt. Der letztere endete bei fortschreitender Verschlechterung des Allgemeinbefindens nach 4tägiger subcutaner Behandlung mit insgesamt 28 MSE. letal. Die übrigen 4 Fälle wurden durch die Behandlung günstig beeinflußt. In einem dieser Fälle wurden durch 3malige subcutane Injektion 10 MSE. gegeben, in den 3 übrigen Fällen peroral 140, 310 und 430 MSE. Zum Teil wurde bei diesen Patienten eine eindeutige Steigerung der Diurese beobachtet, eine günstige Beeinflussung trat jedesmal ein. Wenn auch die klinischen Anzeichen der Bauchwassersucht nicht immer verschwanden, so war doch der Einfluß auf das Allgemeinbefinden unverkennbar. Die Wirkung trat rasch ein und war nachhaltig. Ein Fall von Brust- und Bauchhöhlenwassersucht wurde nicht in die Besprechung der Fälle aufgenommen, da der während des Lebens erbrachte Nachweis von Streptothrix canis die quoad-vitam-Prognose als aussichtslos stellen ließ. Der Tod trat nach zweitägiger Behandlung ein; der Fall sei jedoch nicht zur Beurteilung herangezogen, sondern nur der Vollständigkeit halber erwähnt.

Zusammenfassung.

Die Behandlung der Bauchwassersucht lieferte bei geringgradigen Erkrankungen gute Ergebnisse. Bei einem Patienten, der früher mit anderen Mitteln behandelt worden war, zeigte sich sogar ein besserer Erfolg. Hervorzuheben ist die rasch eintretende auffällige Besserung des Allgemeinbefindens. In einem Fall von schwerem Hydrops ascites war die Behandlung erfolglos, ebenso wie bei einem Fall von Streptothrix canis.

4. Die Beeinflussung der Geschlechtsfunktion.

Durch vollständige Entfernung der Schilddrüse bei jungen Tieren wird neben anderen Ausfallserscheinungen eine Hemmung der Entwicklung der Keimdrüsen hervorgerufen, bei trächtigen Tieren der Eintritt der Lactation verhindert. Besonders eng sind diese Beziehungen der Schilddrüse zu den Keimdrüsen bei der Frau bzw. beim weiblichen Säugetier gestaltet und prägen sich aus in der Hyperplasie der Thyreoidea bei Pubertät, Menstruation, Gravidität und Lactation. Inwieweit die Hypophyse an diesem Zusammenspiel beteiligt ist, wieweit ihre Vermittlerrolle reicht und in welchem Grad sie selbst aktiv mitwirkt, läßt sich aus den bisherigen Beobachtungen noch nicht mit Sicherheit abgrenzen. Ebensowenig sind letzten Endes die Beziehungen zwischen Thyreoidea, Ovar und Gesamtorganismus geklärt und die Art der gegenseitigen Beeinflussung festgelegt. Es wird deshalb bei sexual bedingter Adipositas eine Kombination mit Hypophysenvorderlappen verwendet. In dem Fall von *Henius*[12], wo nach 8tägiger Behandlung mit Elityran-Preloban-Kombination eine seit 2 Jahren bestehende Amenorrhöe aufgehoben wurde, wird man das Hauptverdienst dem Preloban zurechnen müssen. Therapeutische Versuche in dieser Richtung mit Schilddrüsenhormon allein konnte ich im Schrifttum nicht finden. Nur *Stoß*[31] empfiehlt bei der Sterilität großer Haustiere, die mit einem sehr guten Ernährungszustand verknüpft ist, eine Behandlung mit Thyreoidextrakt zu versuchen.

Bei meinen Versuchen mit Schilddrüsenhormon trat zweimal im Laufe der Behandlung Brunst ein, die seit 1—1^1/$_2$ Jahren nicht mehr aufgetreten war. Das erste Mal war es ein Zufallsergebnis, im zweiten Fall war das Hervorrufen der Läufigkeit die Absicht der Behandlung. Die dritte behandelte Hündin hatte einen regelmäßigen dioestrischen Zyklus.

Fälle.

1. Tgb.-Nr. 361. Englischer Schweißhund, weiblich, gelbweiß, 6 Jahre alt. Adipositas, Atemnot. Seit 1^1/$_2$ Jahren war die Hündin nicht mehr läufig, es waren also mindestens 2 Läufigkeiten ausgefallen. In der Zeit vom 11. 5. bis 6. 6. 35 sieben subcutane Injektionen in steigenden Dosen von 0,3—0,8, insgesamt 14,4 MSE. Der Versuch, der mit dem Ziel einer Verminderung der Adipositas begonnen worden war, wurde abgebrochen, da ziemlich starke anhaltende Blutungen aus der Scheide auftraten. Die mikroskopische Untersuchung der Absonderung ergab keinen Unterschied gegenüber normalem Brunstsekret. Das Verhalten der Hündin entsprach dem bei einer normalen Läufigkeit. Die Absonderung dauerte 4 Wochen.

2. Tgb.-Nr. 721. Drahthaariger Foxterrier, dreifarbig, weiblich, 3 Jahre alt. — Adipositas, Appetitlosigkeit. Die letzten beiden Läufigkeiten waren nicht aufgetreten, statt dessen war nach Aussage der Besitzerin das Tier jedesmal 3 Wochen lang schwer krank und verließ kaum sein Lager. Vom 25. 6. bis 5. 7. 35 fünf subcutane Injektionen in steigenden Dosen von 0,3—0,5 ccm, insgesamt 7,6 MSE. Am 3. 7. war der Appetit gebessert, es waren Anzeichen des Vorbrunststadiums, wie Schwellung des Wurfes, stärkere Durchsaftung des Gewebes, stärkere Injektion der Gefäße der Scheidenschleimhaut zu beobachten. Am 5. 7. wurde eine weitere Hebung des Allgemeinbefindens festgestellt, am 7. 7. wurde die Hündin stark läufig. Das Benehmen der Hündin war normal, die Dauer der Brunst 3 Wochen. Als die Hündin einen Monat später wieder vorgestellt wurde, war sie sehr munter, der Appetit gut, Krankheitserscheinungen konnten nicht festgestellt werden.

3. Tgb.-Nr. 544 b. Kurzhaariger Dachshund, weiblich, braun, 2^1/$_2$ Jahre alt. Im Verlauf einer einwöchigen Behandlung aus anderer Indikation mit insgesamt 8 MSE. subcutan trat die erwartete Brunst 3 Wochen früher auf. Da jedoch Unregelmäßigkeiten dieser Art häufig sind, ist kein großes Gewicht auf diese Verfrühung zu legen. Auffällig war jedoch die übermäßig lange Dauer des Oestrus gegenüber früheren Läufigkeiten. Die Hündin färbte 3 Wochen lang, noch 8 Tage nachdem sie gedeckt worden war.

Es gelang also in 2 Fällen durch parenterale Zufuhr von Elityran das darniederliegende Sexualgeschehen der Hündin anzuregen. In beiden Fällen war die längere Zeit ausgebliebene Brunst in normaler Intensität und Dauer aufgetreten. Es genügten 7 bzw. 5 subcutane Injektionen von verhältnismäßig kleinen Dosen. In Fall 3 war der etwas verfrüht auftretende Oestrus gegenüber früheren sehr lang, das Brunstsekret zeigte 3 Wochen lang Beimengungen von Blut.

Zusammenfassend kann festgestellt werden, daß dem Elityran ein auch der Schilddrüse innewohnender Impuls auf das Sexualgeschehen des weiblichen Hundes eigentümlich ist. Eine praktische Auswertung dieses Ergebnisses ist durchaus möglich. Der Erfolg ist nicht als sekundäre Wirkung nach Behebung eines Hauptleidens anzusehen, sondern auf eine direkte Beeinflussung der Keimdrüsen zurückzuführen.

5. Schilddrüsenfunktion und Psyche.

Wenn auch die Schilddrüse nach experimentellen Feststellungen nicht unbedingt lebenswichtig ist, so zeigen doch die vielfachen Ausfallserscheinungen, die bei Funktionslosigkeit dieses Organs eintreten, seine Wichtigkeit für die psychischen Lebensäußerungen. Auf Grund der zahlreichen Beobachtungen beim Menschen kann man als feststehende Tatsache betrachten, daß eine Unterfunktion der Thyreoidea Abstumpfung der Intelligenz und des Tatwillens bis zum Kretinismus bewirkt, während Überfunktion erhöhte Erregbarkeit des gesamten Nervensystems auslöst, wie wir sie bei der *Basedow*schen Krankheit am deutlichsten ausgeprägt sehen. Ähnliche Erscheinungen sind auch beim Hund beobachtet worden. *Dexler* [5] geht bei der Beschreibung von Kretinismus auch auf die psychischen Erscheinungen ein und stellte ganz ähnliche Symptome wie beim Menschen fest. *Jakob* [17] sagt von basedowkranken Hunden, daß sie im allgemeinen sehr ängstlich und weniger munter seien.

Ich konnte bei Jagdhunden, die als besonders scharf, sehr angriffslustig und lebhaft galten, Befunde erheben wie beschleunigten Herzschlag, mäßigen Ernährungszustand, Hyperplasie der Schilddrüse, die auf eine Überwertigkeit des Thyreoideahormons hindeuteten. In 50 beurteilten Fällen von Elityranbehandlung wurde 14mal auffällige Veränderung des Benehmens beobachtet. Die Tiere wurden munterer, in einigen Fällen trat gesteigerte Lebhaftigkeit auf. Es fiel dies besonders bei Hunden auf, die vorher phlegmatisch ihre Bewegungen auf das allernotwendigste beschränkt hatten und ihrem Besitzer wegen ihrer Indolenz schon lästig gefallen waren. Diese Belebung des Temperamentes trat meist schon nach wenigen Tagen auf, als die in einem Teil der Fälle vorhandene Adipositas noch nicht beeinflußt war. Die erhöhte Munterkeit ist also nicht als sekundäres Ergebnis einer Heilung zu betrachten, sondern der direkte Ausdruck einer behobenen bzw. gebesserten Ausfallserscheinung.

Schlußsätze.

1. Das komplexe Schilddrüsenhormon Elityran übt in therapeutischen Dosen keinen schädigenden Einfluß aus, der sich durch *Puls*, *Temperatur* und *Atmung* ausdrückt. Wie einige wenige Fälle zeigen, ist es bei pathologischen Zuständen einzelner Organe jedoch von Wichtigkeit, das Tier während der ganzen Behandlungsdauer unter Kontrolle zu halten, obwohl zum Beispiel bei Herzklappenfehlern keinerlei Verschlechterung festgestellt werden konnte. Bei jeder Elityrankur ist die fast stets auftretende Steigerung des Appetits in Rechnung zu setzen, die manchmal schon sofort zu Beginn der Kur in Erscheinung tritt. Diese Vermehrung des Hungers wird deshalb weniger auf die Steigerung

des Stoffwechsels als auf nervöse Beeinflussung des Verdauungstractus zurückgeführt.

2. Die *Prüfung* der *Herzwirkung* des Elityran ergab nach elektrokardiographischen Untersuchungen unmittelbar nach der Injektion verschieden großer Dosen eine Verminderung der Herzfrequenz. In einem Fall von Extrasystolie trat im Anschluß an die Injektion Häufung derselben auf. Sie verschwanden aber nach 24 Stunden und das Elektrokardiogramm wurde normal. Einmal traten im vorher normalen Ekg. Störungen der atrioventrikulären Reizleitung ein, die in Form von atrioventrikulärer Reizleitungsverzögerung und als partieller 2 : 1- Block auftraten. Sie können auf eine Tonisierung des Vagus zurückgeführt werden.

3. Für die Behandlung der *Fettsucht* des Hundes erwies sich Elityran sowohl bei parenteraler wie peroraler Verabreichung als sehr geeignet. Für die Praxis ist die Verwendung von Tabletten vorzuziehen. Bereits durch eine Tablette täglich wurden beachtliche Gewichtsabnahmen erzielt, 6 Tabletten täglich wurden reaktionslos vertragen. Die Dosierung wird sich zwar stets nach den Erfordernissen des Einzelfalles richten müssen, man kann jedoch als Regel für je 10 kg Körpergewicht täglich eine Tablette zu 0,025 g = 10 MSE. rechnen. Die Wirkung des Elityran wird unterstützt durch diätetische Maßnahmen, unbedingt notwendig ist es, dem fast regelmäßig erhöhten Hungergefühl des Patienten nicht nachzugeben. Wichtig ist ferner eine ausreichende tägliche Bewegung, deren Durchführung erleichtert wird durch gesteigerte Lebhaftigkeit und Munterkeit nach Elityranzufuhr. Eine allmähliche Steigerung der täglichen Dosis hat sich bewährt, besonders wenn größere Mengen gegeben wurden. Obwohl auch bei schweren Herzklappenfehlern Beschwerden nicht auftraten, ist doch eine ständige Kontrolle des Herzens angebracht. Die Wirkung tritt rasch ein und hält in der Mehrzahl der Fälle lang an, in manchen Fällen wird der gewichtsmindernde Effekt noch längere Zeit nach Beendigung der Kur sichtbar. Da es sich bei dieser protrahierten Wirkung nicht um eine Speicherung des Elityrans im Körper handeln kann, ist anzunehmen, daß Erfolgsorgane angeregt werden. Wie die Versuche an Hunden mit normal gutem Ernährungszustand erwiesen, erstreckt sich die Elityranwirkung im wesentlichen nur auf den Abbau des Körperfettes.

4. Die vor allem im Gefolge der Fettsucht auftretende *Dyspnoe*, jedoch auch gewisse Fälle von Kurzatmigkeit anderer Genese wurden durch Elityran günstig beeinflußt. In manchen Fällen trat die Wirkung so rasch ein, daß ein direkter Einfluß auf Atmungs- und Kreislauforgane angenommen werden muß.

5. Bei der Behandlung von *Hautkrankheiten* kommt Elityran vor allem als unterstützendes Mittel in Frage, jedoch wurde ein Fall von Ekzem auch durch alleinige Schilddrüsentherapie geheilt. Einzelne

Fälle von Acanthosis nigricans konnten durch Elityran geheilt, andere gebessert werden. Ein Teil der Acanthosis nigricans-Fälle verhielt sich jedoch gegenüber Elityran refraktär.

6. Bei der Behandlung von *Struma parenchymatosa* ist die Elityrantherapie der peroralen Jodbehandlung nur durch die Annehmlichkeit der Anwendung und der Dosierung sowie ihre Unschädlichkeit überlegen, eine bessere Wirkung ist ihr wohl nicht zuzuschreiben.

7. In leichten Fällen von *Hydrops ascites,* sowie solchen, die sich gegenüber diuretischen Mitteln resistent verhalten, bietet die Elityrantherapie Vorteile. Die Anwendung wird sich jedoch auf Einzelfälle beschränken müssen.

8. Elityran übt in gewissen Fällen einen fördernden Einfluß auf die *weiblichen Keimdrüsen* aus. Wenn auch eine therapeutische Anwendung nur selten nötig sein wird, da für die meisten Fälle spezifische Hormonpräparate zur Verfügung stehen, so ist durch die Ergebnisse doch bewiesen, daß ein hemmender oder schädigender Einfluß auf den Sexualzyklus nicht in Frage kommt.

9. Eindeutig ist der Einfluß, den Elityran auf die *Psyche* des Hundes ausübt. In Fällen von hochgradiger Teilnahmslosigkeit und Trägheit, die meist mit Adipositas vergesellschaftet waren, wurde in kürzester Zeit eine Belebung des Temperaments beobachtet, die zum Teil für die ganze Behandlung von ausschlaggebender Bedeutung war. Dieser oft auffällige Erfolg ist der Beweis dafür, daß eine vorher bestandene Ausfallserscheinung durch die Substitutionstherapie behoben wurde.

Ergebnisse.

Von den im Verlauf meiner Untersuchungen gefundenen Ergebnissen seien folgende als *neue Tatsachen* und *Gesichtspunkte* herausgestellt.

1. Das in der Wirkung der Gesamtdrüse sehr nahestehende Schilddrüsenhormon „Elityran" übt unmittelbar nach parenteraler Zufuhr vagustonisierenden Einfluß aus.

2. Der sich im wesentlichen nur auf die Fettverbrennung beschränkende, gewichtsmindernde Effekt des Elityran läßt bei seiner protrahierten Wirkung auf die Anregung von stoffwechselfördernden Erfolgsorganen schließen.

3. Das Schilddrüsenhormon übt einen direkten Einfluß auf Atmungs- und Kreislauforgane aus, der bei Dyspnoe bestimmter Genese therapeutisch nutzbar gemacht werden kann.

4. Die in manchen Fällen erzielten therapeutischen Erfolge bei der Acanthosis nigricans des Hundes sind als Teilbeweise für die Wichtigkeit neuro-endokriner Einflüsse für die Entstehung dieser Krankheit zu werten.

5. Die Zurückbildung hyperplastischer Strumen des Hundes nach Zufuhr komplexen Schilddrüsenhormons wird aus der Inaktivierung der Schilddrüse erklärt.

6. Die Ausnützung des diuretischen Effektes des Elityran leistet bei der Behandlung von Hydrops ascites des Hundes gute Dienste.

7. Bei darniederliegender Sexualfunktion der Hündin gelingt es durch Elityran in geeigneten Fällen den Geschlechtszyklus wieder in Gang zu bringen.

8. Es treten bei Hunden sowohl idiopathische wie experimentelle Hyperthyreoidosen auf, die sich psychisch analog denen des Menschen manifestieren.

Schrifttum.

[1] *Abderhalden, E.* u. *E. Wertheimer*: Pflügers Arch. **216**, 697 (1927). — [2] *Blum, F.*: Klin. Wschr. **1931** I, 231. — [3] *Cormack, J. L.*: Vet. Rec. **1934**, 1115. Ref. Jber. Vet.med. **56**, 544 (1935). — [4] *Dehner, W.*: Dtsch. med. Wschr. **1931** I, 278. — [5] *Dexler, H.*: Endokrines System und seine Behandlung von *Stang-Wirth*, Bd. 3, S. 219. — [6] *Fantin, O.*: Profilassi 6, 73 (1933). Ref. Zbl. Hautkrkh. **47**, 131 (1934). — [7] *Feriz, H.*: Ärztl. Sammelbl. **1934**, H. 10, 145. — [8] *Freund, H.*: Dtsch. med. Wschr. **1931** II, 1232. — [9] *Gratzl, E.*: Wien. tierärztl. Mschr. **1936**, 457. — [10] *Günther, G.*: Organpräparate von *Stang-Wirth*, Bd. 7, S. 585. — [11] *Guttmann, D.*: Ther. Gegenw. **1933**, Nr 1. — [12] *Henius, K.*: Ther. Gegenw. **1933**, Nr 3. — [13] *Herzfeld, E.*: Z. exper. Med. **53**, 332 (1926). — [14] *Herzfeld, E., P. Mayer-Umhofer* u. *Scholz*: Klin. Wschr. **1931** II, 1908. — [15] *Holmes, J. W. H.*: Vet. Rec. **1933**, 603. Ref. Jber. Vet.med. **53**, 255 (1933). — [16] *Honekamp, P.*: Über die Störungen der Harmonie des endokrin-vegetativen Systems ihre Ursache und ihre Heilung durch natürliche Heilstoffe. Selbstverlag 1935. — [17] *Jakob, H.*: Innere Krankheiten des Hundes. Stuttgart: Ferdinand Enke 1924. — [18] *Jakob, H.*: Allgemeine Therapie für Tierärzte. Stuttgart: Ferdinand Enke 1932. — [19] *Jakob, H.*: Münch. tierärztl. Wschr. **1933** I, 553. — [20] *Kemp, T.* u. *H. Okkels*: Lehrbuch der Endokrinologie. Leipzig: Johann Ambrosius Barth 1936. — [21] *Lanfranchi, A.* e *E. Seren*: Boll. Soc. Biol. sper. **10**, 588 (1935). Ref. Jber. Vet.med. **59**, 99. — [22] *Lanfranchi, A.* e *E. Seren*: Nuova Vet. **14**, 1 (1936). — [23] *Laquer, F.*: Hormone und innere Sekretion. Dresden u. Leipzig: Theodor Steinkopff 1934. — [24] *Molitor, F.*: Diss. Gießen 1934. — [25] *Nörr, J.*: Verh. dtsch. Ges. Kreislaufforsch. 8. Tagg **1935**. — [26] *Noorden, C. v.*: Wien. med. Wschr. **1931** I. — [27] *Oswald, Ad.*: Klin. Wschr. **1930** I, 145, 196. — [28] *Popper, F.*: Ther. Gegenw. **1933** I. — [29] *Schäfer, W.*: Naunyn-Schmiedebergs Arch. **1931**, 628. — [30] *Stoß, A. O.*: Münch. tierärztl. Wschr. **1934** I, 545, 557. — [31] *Terheggen, H.*: Ther. Gegenw. **1932**, H. 12. — [32] *Tommasi, L.*: Giorn. ital. Dermat. **75**, 373 (1934). Ref. Zbl. Hautkrkh. **49**, 307 (1935). — [33] *Vermeulen*: Das Kehlkopfpfeifen des Pferdes. Berlin: Richard Schoetz 1914. — [34] *Völker, R.*: Arch. Tierheilk. **59**, 16, 467 (1929).

Aufnahmebedingungen.

I. Sachliche Anforderungen.

1. Der Inhalt der Arbeit muß dem Gebiet der Zeitschrift angehören.
2. Die Arbeit muß wissenschaftlich wertvoll sein und Neues bringen. Bloße Bestätigungen bereits anerkannter Befunde können, wenn überhaupt, nur in kürzester Form aufgenommen werden. Dasselbe gilt von Versuchen und Beobachtungen, die ein positives Resultat nicht ergeben haben. Arbeiten rein referierenden Inhalts werden abgelehnt, vorläufige Mitteilungen nur ausnahmsweise aufgenommen. Polemiken sind zu vermeiden, kurze Richtigstellung der Tatbestände ist zulässig. Aufsätze spekulativen Inhalts sind nur dann geeignet, wenn sie durch neue Gesichtspunkte die Forschung anregen.

II. Formelle Anforderungen.

1. Das Manuskript muß leicht leserlich geschrieben sein. Die Abbildungsvorlagen sind auf besonderen Blättern einzuliefern. Diktierte Arbeiten bedürfen der stilistischen Durcharbeitung zwecks Vermeidung von weitschweifiger und unsorgfältiger Darstellung. Absätze sind nur zulässig, wenn sie neue Gedankengänge bezeichnen.
2. Die Arbeiten müssen *kurz* und in gutem Deutsch geschrieben sein. Ausführliche historische Einleitungen sind zu vermeiden. Die Fragestellung kann durch wenige Sätze klargelegt werden. Der Anschluß an frühere Behandlungen des Themas ist durch Hinweis auf die letzten Literaturzusammenstellungen (in Monographien, ,,Ergebnissen" Handbüchern) herzustellen.
3. Der Weg, auf dem die Resultate gewonnen wurden, muß klar erkennbar sein; jedoch hat eine ausführliche Darstellung der Methodik nur dann Wert, wenn sie wesentlich Neues enthält.
4. Jeder Arbeit ist eine kurze Zusammenstellung (höchstens 1 Seite) der wesentlichen Ergebnisse anzufügen, hingegen können besondere Inhaltsverzeichnisse für einzelne Arbeiten nicht abgedruckt werden.
5. Von jeder Versuchsart bzw. jedem Tatsachenbestand ist in der Regel nur *ein* Protokoll (Krankengeschichte, Sektionsbericht, Versuch) im Telegrammstil als Beispiel in knappster Form mitzuteilen. Das übrige Beweismaterial kann im Text oder, wenn dies nicht zu umgehen ist, in Tabellenform gebracht werden; dabei müssen aber umfangreiche tabellarische Zusammenstellungen unbedingt vermieden werden [1].
6. Die Abbildungen sind auf das Notwendigste zu beschränken. Entscheidend für die Frage, ob Bild oder Text, ist im Zweifelsfall die Platzersparnis. Kurze, aber erschöpfende Figurenunterschrift erübrigt nochmalige Beschreibung im Text. Für jede Versuchsart, jede Krankenbeschreibung, jedes Präparat ist nur *ein* gleichartiges Bild, Kurve u. ä. zulässig. Unzulässig ist die *doppelte* Darstellung in Tabelle und Kurve. *Farbige* Bilder können nur in seltenen Ausnahmefällen Aufnahme finden, auch wenn sie wichtig sind. Didaktische Gesichtspunkte bleiben hierbei außer Betracht, da die Aufsätze in den Archiven nicht von Anfängern gelesen werden.
7. Literaturangaben, die nur im Text berücksichtigte Arbeiten enthalten dürfen, erfolgen ohne Titel der Arbeit nur mit Band-, Seiten-, Jahreszahl, Titelangabe nur bei Büchern.
8. Die Beschreibung von Methodik, Protokollen und anderen weniger wichtigen Teilen ist für *Kleindruck* vorzumerken. Die Lesbarkeit des Wesentlichen wird hierdurch gehoben.
9. Das Zerlegen einer Arbeit in mehrere Mitteilungen zwecks Erweckung des Anscheins größerer Kürze ist unzulässig.
10. Doppeltitel sind aus bibliographischen Gründen unerwünscht. Das gilt insbesondere, wenn die Autoren in Ober- und Untertitel einer Arbeit nicht die gleichen sind.
11. An *Dissertationen*, soweit deren Aufnahme überhaupt zulässig erscheint, werden nach Form und Inhalt dieselben Anforderungen gestellt wie an andere Arbeiten. Danksagungen an Institutsleiter, Dozenten usw. werden nicht abgedruckt. Zulässig hingegen sind einzeilige Fußnoten mit der Mitteilung, wer die Arbeit angeregt und geleitet oder wer die Mittel dazu gegeben hat. *Festschriften, Habilitationsschriften* und *Monographien* gehören nicht in den Rahmen einer Zeitschrift.

---

[1] Es wird empfohlen, durch eine Fußnote darauf hinzuweisen, in welchem Institut das gesamte Beweismaterial eingesehen oder angefordert werden kann.

Experimentelle Beiträge zu einer Theorie der Entwicklung

Von

Professor Dr. **Hans Spemann**
Freiburg i. Br.

Deutsche Ausgabe der Silliman Lectures

gehalten an der Yale University im Spätjahr 1933

Mit 217 Abbildungen. VIII, 296 Seiten. 1936

RM 27.—; gebunden RM 29.60

Diesem Buche liegen die vom Verfasser im Jahre 1933 an der Yale-Universität in New Haven im Rahmen der Silliman Lectures gehaltenen Vorträge über sein engeres Fachgebiet zugrunde. Eine Strecke wissenschaftlicher Gedankenentwicklung gelangt hier zur Darstellung, an welcher Verfasser selbst mit einem großen Teil seiner Lebensarbeit beteiligt ist. Das Buch wird dem jungen biologischen Forscher vor allem als Einführung in die Methode des experimentellen Forschens dienen.

Inhaltsübersicht:

Die normale Entwicklung des Amphibieneies bis zur Anlage der Hauptorgane des Embryos. — Einige Experimente und Grundbegriffe aus den Anfängen der Entwicklungsphysiologie. — Zur Entwicklungsphysiologie des Wirbeltierauges (als Beispiel eines zusammengesetzten Organs). — Erste Analyse des Induktionsvorgangs. — Das Anlagenmuster in der beginnenden Gastrula. — Potenzprüfungen an der Gastrula. — Induktion einer sekundären Embryonalanlage durch einen „Organisator". — Der Anteil der Induktion an der normalen Entwicklung der Medullarplatte. — Diskussion der Begriffe Potenz und Determination. — Induktion durch abnorme Induktoren. — Die Mittel der Induktion. — Die zeitliche Korrelation der Induktion. — Regionale Determination. — Komplementäre und autonome Induktion. — Das embryonale Feld. — Die Gradiententheorie. — Induktion und Ganzheitsproblem. — Über den Geltungsbereich der für den Amphibienkeim festgestellten Gesetzlichkeiten. — Schlußbemerkungen. — Literaturverzeichnis.

VERLAG VON JULIUS SPRINGER IN BERLIN

MIX
Papier aus verantwortungsvollen Quellen
Paper from responsible sources
FSC® C105338

If you have any concerns about our products,
you can contact us on
ProductSafety@springernature.com

In case Publisher is established outside the EU,
the EU authorized representative is:
**Springer Nature Customer Service Center GmbH
Europaplatz 3, 69115 Heidelberg, Germany**

Printed by Libri Plureos GmbH
in Hamburg, Germany